Word 2010中文版入门与实例教程

徐小青　王淳灏　编著

电子工业出版社.
Publishing House of Electronics Industry
北京·BEIJING

内 容 简 介

本书在内容叙述上由浅入深，从Word 2010的入门知识开始，详细介绍了Word 2010的各种功能，如文档的创建与编辑、文档的保护与打印、表格与图形的使用、大纲与目录的使用、样式与模板的使用、公式的编排以及一些常用功能等。本书在讲解过程中结合实例且以实例为主线，循序渐进地介绍了Word 2010中文版的常用功能和使用技巧，实例显浅易懂，非常实用，并且书中采用图文结合的形式引导读者学习和使用，可以让读者用最少的精力和时间来掌握Word 2010这一实用的办公软件。

本书可作为计算机办公类培训班的培训教材以及相关专业院校的教材，适合从事办公自动化工作的初、中级读者阅读。

图书在版编目（CIP）数据

Word 2010中文版入门与实例教程/徐小青，王淳灏编著.—北京：电子工业出版社，2011.3
ISBN 978-7-121-12943-8

Ⅰ.①W… Ⅱ.①徐… ②王… Ⅲ.①文字处理系统，Word 2010—教材 Ⅳ.①TP391.12

中国版本图书馆CIP数据核字（2011）第024640号

责任编辑：李红玉
特约编辑：易　昆
印　　刷：北京天竺颖华印刷厂
装　　订：三河市鑫金马印装有限公司
出版发行：电子工业出版社
　　　　　北京市海淀区万寿路173信箱　邮编：100036
　　　　　北京市海淀区翠微东里甲2号　邮编：100036
开　　本：787×1092 1/16　印张：14.25　字数：364千字
印　　次：2011年3月第1次印刷
定　　价：29.00元

凡所购买电子工业出版社图书有缺损问题，请向购买书店调换。若书店售缺，请与本社发行部联系，联系及邮购电话：（010）88254888。
质量投诉请发邮件至zlts@phei.com.cn，盗版侵权举报请发邮件至dbqq@phei.com.cn。
服务热线：（010）88258888。

目 录

第1章 走进Word 2010

1.1 Word 2010简介

Word 2010是Microsoft公司最新推出的文字处理软件，是办公自动化套装软件Office 2010中的重要成员之一，它具有强大的文字处理、图片处理及表格处理功能，既能支持普通的商务办公文件和个人文档，又可以帮助专业印刷、排版人员制作版式复杂的文档。同时，它提供一套完整的工具，供在新的界面中创建文档并设置格式，从而帮助用户制作具有专业水准的文档。它丰富的审阅、批注和比较功能有助于用户快速收集和管理反馈信息，高级的数据集成功能可确保文档与重要的业务信息源时刻相连。

1.1.1 Word 2010的新特点

与以前的版本相比，Word 2010新增如下功能。

1. 比以往更轻松地创建具有视觉冲击力的文档

可以直接向文本应用图像效果（如阴影、凹凸、发光和映像），也可以向文本应用令人印象深刻的格式效果（例如，渐变填充和映像）。其新增和改进的图片编辑工具（包括通用的艺术效果和高级更正、颜色以及裁剪工具）可以微调文档中的各个图片，使其看起来效果更佳。其中大量的SmartArt图形（包括组织结构图和图片图表的许多新布局），可以使用户在创建令人印象深刻的图形时就像键入项目符号列表一样简单，操作更加快速、轻松。

2. 节省时间和简化工作

Word 2010对导航窗格和查找工具进行了改进。使用这些新增功能比以往更容易进行浏览、搜索，甚至可直接从一个易用的窗格重新组织文档内容。使用其经过改进的功能区，用户可以更加轻松地访问所需命令。还可以创建自定义选项卡以及自定义内置选项卡，同时可以恢复已关闭但没有保存文件的草稿版本，只需像恢复最近编辑的草稿一样。

3. 更成功地协同工作

使用新增的共同创作功能，可以与其他位置的其他工作组成员同时编辑同一个文档，甚至可以在工作时直接使用Word 2010进行即时通信。由于在全套Office 2010程序中集成了Office Communicator，因此可以查看联机状态信息，确定其他作者的可用性，然后在Word中直接查看即时消息或进行语音呼叫。也可以通过Windows Live使用共同创作功能，所需要的只是一个免费的Windows Live ID和即时消息账户（例如，免费的Windows Live Messenger）来查看作者的联机状态并启动即时消息对话。

4. 从更多位置访问信息

有时候用户迸发创意或项目和工作出现紧急情况时，手边不一定有计算机，幸运的是，可以使用Web或Smartphone（智能手机）在需要的时间和地点完成所需的工作。Word Web App是Word的联机伴侣，可使用户将Word体验扩展到浏览器，可以查看文档的高保真版本和编辑灯光效果，可以从任何装有Web浏览器的计算机上访问Word 2010中的一些编辑工具，并在熟悉的编辑环境中工作。Word Mobile 2010是一种轻型的文档编辑器，专为在装有Windows Mobile系统的手机上使用而设计。

1.1.2　创建具有专业水准的文档

Word 2010中的新Office Fluent用户界面的外观非常直观，并且能够更加容易、更加高效地使用Office应用程序，从而可以比以前更轻松地创建精美的文档。

1. 使用功能区查找所需命令

新的功能区是Office Fluent用户界面的一个按任务对工具进行分组的组件，最常用的命令将在第一时间呈现在用户眼前。同时用户还可以自定义功能区，将最常用的命令放置在一起，而不需要在多个功能选项卡之间切换，提高了编排效率。

2. 在Backstage视图中管理文档

在Backstage视图中，用户可以对文件执行任何在文件中无法执行的操作。Backstage视图是Office Fluent用户界面的最新创新，也是功能区的配套功能，在其中可以管理文件，包括创建、保存、检查隐藏数据或个人信息以及设置选项。

3. 使用新增的"文档导航"窗格和搜索功能轻松掌握长文档

用户在编辑文档时，可以快速、轻松地应对长文档。通过拖放文档的各个部分而不是通过复制和粘贴，就可以轻松地重新组织文档。除此以外，还可以使用渐进式搜索功能查找内容，因此无需精确地知道要搜索的内容即可找到它。

4. 减少格式设置的时间，把更多精力花在撰写上

面向结果的新界面清晰而条理分明地为用户提供了多种工具：

·从收集了预定义样式、表格格式、列表格式、图形效果等内容的库中进行挑选，不仅节省时间，还能更充分地利用强大的Word功能。

·从格式库中选择格式，在提交更改之前就能实时而直观地预览文档中格式的应用情况。

5. 单击鼠标，即可添加预设格式的元素

通过Word 2010的构建基块，用户可以将预设格式的内容添加到文档中，还可以重复使用常用的内容，帮助用户节省时间。

·在处理特定模板类型（如报告）的文档时，可以从收集了预设格式封面、重要引述、页眉和页脚等内容的库中挑选元素，从而令文档看上去更加精美。

·如果希望自定义预设格式的内容，或者文档的组织要经常使用相同的一段内容（如法律免责声明或客户联系信息），只须单击鼠标，就可以从库中进行挑选，创建自己的构建基块。

6. 利用极富视觉冲击力的图形更有效地进行沟通

Word 2010提供高级文本格式设置功能，其中包括一系列连字设置以及样式集与数字格式选择。改进的图表和绘图功能包含三维形状、透明度、阴影以及其他效果。同时可以快速添加屏幕截图，以捕获可视图示并将其融入到文档中。

7. 即时对文档应用新的外观

通过使用"快速样式"和"文档主题"，可以快速更改整个文档中的文本、表格和图形的外观，以便与所选的样式和配色方案相匹配。

8. 添加数学公式

向文档插入数学符号和公式非常方便。只需转到"插入"选项卡，然后单击"公式"选项，即可在内置公式库中进行选择。使用"公式工具"上下文菜单可以编辑公式。

9. 轻松避免拼写错误

在文档的编辑过程中，系统可以帮助用户轻松避免拼写错误，这将大大提高工作效率。

· 有一些拼写检查选项涉及的范围是全局性的。如果在一个Office程序中更改了其中某个选项的设置，则在所有其他Office程序中，该选项也会随之改变。

· 除了共享相同的自定义词典外，所有程序还可以使用同一个对话框来管理这些词典。

· 首次使用某种语言时，系统会自动为该语言创建排除词典。利用排除词典，可以让拼写检查标记要避免使用的词语，从而可让用户方便地避免不欲使用的词语或不符合风格指南的词语。相关详细信息，请参阅使用排除词典指定单词的首选拼写方式的说明。

· 拼写检查可以查找并标记某些上下文拼写错误。可以启用"使用上下文拼写检查"选项来获取关于查找和修复此类错误的帮助。当对使用英语、德语或西班牙语的文档进行拼写检查时，也可以使用此选项。

· 在向文本应用效果时，仍能运行拼写检查。

· 可以针对一个文档或创建的所有文档禁用拼写检查。

1.1.3 放心共享文档

当向同事发送文档草稿以征求他们的意见时，Word 2010可有效地帮助用户收集和管理他们的修订和批注。在准备发布文档时，也可帮助用户确保所发布的文档中不存在任何未经处理的修订和批注。

1. 同时处理同一文档

当多人同时处理同一文档时，完全可以在Word内协同作业。不必使用电子邮件附件发送，也不必使用如TSP_最终版.docx等名称保存草稿文档，只需打开文档即可开始工作。用户可以查看与自己协作的其他人员正在编辑的文档位置。多位用户可以同时编辑同一文档，并在所做的更改之间保持相互同步。用户还可以在使用文档区域时阻止他人访问这些文档区域。

2. 查找和删除文档中的隐藏元数据和个人信息

在与其他用户共享文档之前，可使用文档检查器检查文档，以查找隐藏的元数据、个人信息或可能存储在文档中的内容。文档检查器可以查找和删除以下信息：批注、版本、修订、墨迹注释、文档属性、文档管理服务器信息、隐藏文字、自定义XML数据，以及页眉和页脚中的信息。文档检查器可确保与其他用户共享的文档不包含任何隐藏的个人信息或任何不希望分发的隐藏内容。此外，还可以对文档检查器进行自定义，以添加对其他类型的隐藏内容的检查。

3. 向文档中添加数字签名或签名行

可以通过向文档中添加数字签名来为文档的身份验证、完整性和来源提供保证。在Word

2010中，可以向文档中添加不可见的数字签名，也可以插入Office签名行来捕获签名的可见表示形式以及数字签名。

通过使用Office文档中的签名行捕获数字签名的功能，可对合同或其他协议等文档执行无纸化签署。与纸质签名相比，数字签名能提供精确的签署记录，并允许在以后对签名进行验证。

4. 将Word文档转换为PDF或XPS

Word 2010支持将文件导出为以下格式。

·可移植文档格式（PDF）

PDF是一种版式固定的电子文件格式，可以保留文档格式并允许文件共享。当联机查看或打印PDF格式的文件时，该文件可以保持与原文完全一致的格式，文件中的数据也不能被轻易更改。对于要使用专业印刷方法进行复制的文档，PDF格式也很有用。

·XML纸张规范（XPS）

XPS是一种电子文件格式，它可以保留文档格式并允许文件共享。XPS格式可确保在联机查看或打印XPS格式的文件时，该文件保持与原文完全一致的格式，文件中的数据也不能被轻易更改。

5. 识别和管理具有潜在风险的文档

当文件可能来自具有潜在风险的位置（例如互联网）时，Word 2010将在"受保护的视图"中打开文件。"受保护的视图"外观类似于任意其他只读视图。用户使用"受保护视图"可以查看文档的内容并有助于做出明智决策，选择是否信任该文件。

6. 防止更改文档的最终版本

在与其他用户共享文档的最终版本之前，可以使用"标记为最终版本"命令将文档设置为只读，并告知其他用户共享的是文档的最终版本。在将文档标记为最终版本后，键入、编辑命令以及校对标记都会被禁用，以防查看文档的用户不经意地更改该文档。"标记为最终版本"命令并非安全的功能，任何人都可以通过关闭"标记为最终版本"命令来编辑标记为最终版本的文档。

1.1.4　超越文档

如今，将文档存储于容量小、稳定可靠且支持各种平台的文件中是技术发展的新需求。为满足这一需求，Office软件组在XML支持的发展方面实现了新的突破。基于XML的新文件格式可使Word 2010文件变得更小、更可靠，并能与信息系统和外部数据源深入集成。

1. 缩小文件大小并增强损坏恢复能力

新的Word XML格式是经过压缩、分段的文件格式，可大大缩小文件大小，并有助于确保损坏的文件能够轻松恢复。

2. 将文档与业务信息关联

用户在工作时，可能需要创建文档来关联重要的业务数据，可通过自动完成该过程来节省时间并降低出错风险。使用新的文档控件和数据绑定将文档连接到后端数据系统，即可创建能自我更新的动态智能文档。

3. 在文档信息面板中管理文档属性

利用文档信息面板，可以在使用Word文档时方便地查看和编辑文档属性。文档信息面板显示在文档的顶部。可以使用文档信息面板来查看和编辑标准的文档属性，以及已保存到文档管理服务器中的文件的属性。如果使用文档信息面板来编辑服务器文档的文档属性，则更新的属性将直接保存到服务器中。

例如，当用一台跟踪文档编辑状态的服务器处理完文档时，可以打开文档信息面板，将文档的编辑状态从草稿变为终稿。当将文档保存回服务器时，服务器上将更新编辑状态中的更改。

如果将文档模板存储在Windows SharePoint Services 3.0服务器以上的库中，该库可能会包含存储有关模板的信息的自定义属性。例如，系统可能会要求填写"Category"属性，以对库中的文档进行分类。使用文档信息面板，就可以直接在Word环境中编辑此类属性。

1.1.5 从计算机问题中恢复

Office 2010提供了经过改进的工具，用于在发生问题时恢复工作成果。

1. Office诊断

Office诊断包含一系列的诊断测试，可帮助发现计算机崩溃的原因。这些诊断测试可以直接解决一些问题，并可以帮助用户确定解决其他问题的方法。

2. 程序恢复

Word 2010提供了经过改进的工具，可以在出现问题或意外关闭程序而未保存文件时恢复文档。

例如，如果正在同时处理若干个文件，每个文件都在不同的窗口中打开，此时Word 2010出现问题崩溃。那么重新启动Word时，它将打开这些文件并将窗口恢复成崩溃之前的状态。

1.2 Word 2010的操作环境

Word 2010是Office 2010家族中的一个组件，安装完Office 2010之后（"典型"安装或"自定义"安装时要选择Word 2010为"可用"状态），Word 2010也就成功地安装到计算机系统中，并且安装程序在安装相应软件时会自动创建相应软件的启动图标，这时就可以使用Word 2010了。

Word 2010可以运行在Windows XP操作系统中，同时也支持Windows Vista和Windows 7等操作系统。

可以通过执行下列步骤之一来配置计算机，使其在Windows系统启动时自动打开Word 2010，以便节约时间。

在Windows XP操作系统中操作如下。

1. 在"开始"菜单上，指向"所有程序"项，再指向"Microsoft Office"项。

2. 在可用Office程序列表中，将光标移至Word 2010程序的图标上，单击鼠标右键，在弹出的快捷菜单上选择"复制"选项。

3. 在"所有程序"列表中，选择"启动"文件夹，然后单击鼠标右键，在弹出的快捷菜单上，选择"浏览所有用户"选项。

4. 在弹出的 "编辑" 菜单上，单击鼠标右键，在弹出的快捷菜单中，选择 "粘贴" 选项。也可使用键盘快捷键 "Ctrl+V" 组合键。

在Windows 7和Windows Vista中操作如下。

1. 单击 "开始" 按钮，单击 "所有程序" 项，然后单击 "Microsoft Office" 项。

2. 在可用Office程序列表中，将光标移至Word 2010程序的图标上，单击鼠标右键，在弹出的快捷菜单上选择 "复制" 选项。

3. 在 "所有程序" 列表中，指向 "启动" 文件夹，然后单击鼠标右键，在弹出的快捷菜单上，选择 "浏览所有用户" 选项。

4. 在打开的窗口中，单击 "组织" 项，然后单击 "粘贴" 项。也可使用键盘快捷键，若要更快地将所选程序粘贴到 "启动" 文件夹，请按 "Ctrl+V" 组合键。

下次启动计算机时，Windows便会自动运行已复制到 "启动" 文件夹的Word程序。

1.3 Word 2010的用户界面

成功启动Word 2010后，屏幕上就会出现Word 2010的工作界面。它以全新的用户界面展现在用户面前，如图1.1所示。用户可以发现，全新的、注重实效的用户界面可以根据需要显示多种工具，做到条理分明，井然有序。这些工具包括图标按钮、标题栏、选项卡下的功能区（包括了早期版本中的 "菜单" 和 "工具栏" ）、状态栏、文档窗口、帮助等，且在文档窗口的四周还设置了各种用来编辑和处理文档的按钮、标尺及其他工具。

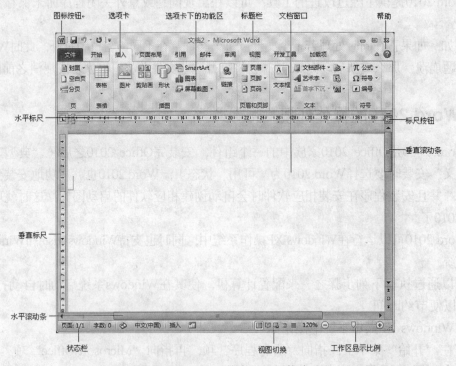

图1.1 Word 2010的窗口界面构成

Word 2010在运行时，可以同时打开多个演示文稿，每个窗口都是一个独立的任务窗口，这有利于用户在不同的演示文稿间切换。用户可以在Windows窗口的状态栏进行不同文档窗口的切换。

1.3.1 标题栏

"标题栏"位于Word 2010窗口界面的最上端，主要用于显示当前编辑的文件名和应用程序名。在标题栏的最左端是Word 2010应用程序的图标按钮，在最右端有3个小图标，依次用以控制窗口的最小化、最大化（还原）和关闭应用程序。

1.3.2 图标按钮

Word 2010中的一项新设计是用"文件"选项卡取代了Word 2007中的"Office按钮"。该选项卡取代了Word 2007和Word 2003及早期版本中的"文件"菜单。单击"文件"选项卡，在打开的文件管理中心中列出了包括 "保存"、"另存为"、"打开"、"关闭"、"信息"、"最近"、"新建"、"打印"、"共享"、"帮助"多个命令选项。在"最近"选项卡中列出了最近使用的文稿目录，供用户选择所要打开的文件。"文件"选项卡下还存在两个按钮，一个是"选项"按钮，另一个是"退出"按钮，如图1.2所示。用户可根据需要单击所需的命令以完成相应的操作。

> **提示** 单击"文件"选项卡，在打开的文件管理中心中单击各个命令选项，都会弹出与以前版本不同的功能界面，具体操作将在本书后面的内容中一一介绍。

图1.2 Word 2010 "文件"选项卡下的按钮

1.3.3 自定义快速访问工具栏

Word 2010中的自定义快速访问工具栏是一个可自定义的工具栏，它包含一组独立于当前所显示的选项卡的命令，并提供对常用工具的快速访问，如图1.3所示。通常系统默认的快速访问工具栏位于Word 2010的窗口中标题栏的左侧，即"文件"选项卡的右上角，但也可以显示在功能区的下方，用户可通过自定义快速访问工具栏右侧的按钮进行切换。

一、向"快速访问工具栏"中添加命令按钮

　　用户可以通过自定义快速访问工具栏右侧按钮▾，向快速访问工具栏中添加命令按钮。操作步骤如下：

　　1. 单击自定义快速访问工具栏右侧按钮▾。

　　2. 在弹出的下拉菜单中单击希望添加到自定义快速访问工具栏中的命令，如图1.4所示。

　　3. 若希望添加其他命令，可单击该下拉菜单中的"其他命令"项，弹出"Word 选项"对话框，如图1.5所示。

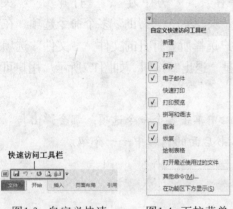

图1.3　自定义快速　　　　图1.4　下拉菜单　　　　　　图1.5　"Word选项"对话框
　　　　访问工具栏

　　4. 在"从下列位置选择命令"下拉列表框中，选择"常用命令"或"所有命令"。

　　5. 在"自定义快速访问工具栏"下拉列表框中，选择"用于所有文档（默认）"或某个特定文档。

　　6. 单击要添加的命令，然后单击"添加"按钮。对所有要添加的命令重复以上操作。

　　7. 单击"上移"和"下移"箭头按钮来排列命令，可以按照用户意图在"快速访问工具栏"上出现这些命令的排列顺序。

　　8. 单击"确定"按钮，完成将所需命令添加到"快速访问工具栏"中的操作。

　　也可以将整个组快速添加到"快速访问工具栏"中，具体方法如下：

　　1. 选中需要添加的组，如"开始"选项卡下的"段落"组。

　　2. 单击鼠标右键，在弹出的菜单中选择"添加到快速访问工具栏（A）"，则当前的组被添加到快速访问工具栏中。

二、删除"快速访问工具栏"中的按钮

　　删除快速访问工具栏中按钮的操作步骤如下：

　　1. 右击"快速访问工具栏"，在弹出的菜单中选择"自定义快速访问工具栏"项，打开"Word选项"对话框。

　　2. 在对话框左侧的列表中选择"自定义功能区"，在右边的"自定义快速访问工具栏"下面的列表中选中需要删除的命令，单击"删除"按钮即可。

3. 单击"确定"按钮，关闭"Word选项"对话框。

需要注意的是，如果删除的是一个内置工具栏按钮，之后仍然可以在"自定义功能区"中找到；如果删除的是一个自定义工具栏按钮，该按钮就被永远删除了。

1.3.4 功能区

Word中的"功能区"是用来替代"菜单"和"工具栏"的主要对象。"功能区"位于"标题栏"的下面。"功能区"旨在帮助用户快速找到完成某一任务所需的命令，如图1.6所示。为了便于浏览，功能区包含多个围绕特定方案或对象进行处理的选项卡。每个选项卡里的控件进一步组织成多个组。功能区比"菜单"和"工具栏"承载了更加丰富的内容，每个组又包括按钮、图片库和对话框等内容。

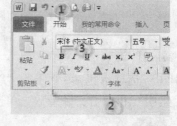

图中①为选项卡，它是面向任务设计的。每个选项卡都与一种类型的活动（例如为页面编写内容或设计布局）相关。

图中②为组，每个选项卡中的组将一个任务分成多个子任务。

图中③为命令按钮，每个组中的命令按钮执行一个命令或显示一个命令菜单。

图1.6 由选项卡、组以及按钮
构成的功能区

第一次启动Word 2010时，在功能区上可以看到标准的选项卡集，标准选项卡集有9项："开始"、"插入"、"页面布局"、"引用"、"邮件"、"审阅"、"视图"、"开发工具"和"加载项"，如图1.7所示。功能区的功能随着设计任务不同，所打开的"选项卡"也不同，并且还会有很大的差异。下面分别介绍这9项选项卡所对应的功能或任务。

图1.7 Word 2010的9项基本选项卡

1. "开始"选项卡

"开始"选项卡包括5个任务"组"："剪贴板"、"字体"、"段落"、"样式"和"编辑"。单击"开始"选项卡后所列出的功能区如图1.8所示。

图1.8 "开始"选项卡所列出的功能区界面

2. "插入"选项卡

"插入"选项卡包括7个任务"组"："页"、"表格"、"插图"、"链接"、"页眉和页脚"、"文本"、"符号"。单击"插入"选项卡后所列出的功能区如图1.9所示。

3. "页面布局"选项卡

"页面布局"选项卡包括6个任务"组"："主题"、"页面设置"、"稿纸"、"页面背景"、"段落"和"排列"。单击"页面布局"选项卡后所列出的功能区如图1.10所示。

图1.9　"插入"选项卡所列出的功能区界面

图1.10　"页面布局"选项卡所列出的功能区界面

4．"引用"选项卡

"引用"选项卡包括6个任务"组"："目录"、"脚注"、"引文与书目"、"题注"、"索引"和"引文目录"。单击"引用"选项卡后所列出的功能区如图1.11所示。

图1.11　"引用"选项卡所列出的功能区界面

5．"邮件"选项卡

"邮件"选项卡包括5个任务"组"："创建"、"开始邮件合并"、"编写和插入域"、"预览结果"和"完成"。单击"邮件"选项卡后所列出的功能区如图1.12所示。

图1.12　"邮件"选项卡所列出的功能区界面

6．"审阅"选项卡

"审阅"选项卡包括8个任务"组"："校对"、"语言"、"中文简繁转换"、"批注"、"修订"、"更改"、"比较"和"保护"。单击"审阅"选项卡后所列出的功能区如图1.13所示。

图1.13　"审阅"选项卡所列出的功能区界面

7. "视图"选项卡

"视图"选项卡包括5个任务"组"："文档视图"、"显示"、"显示比例"、"窗口"和"宏"。单击"视图"选项卡后所列出的功能区如图1.14所示。

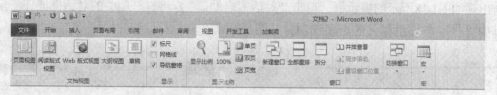

图1.14　"视图"选项卡所列出的功能区界面

8. "开发工具"选项卡

"开发工具"选项卡包括6个任务"组"："代码"、"加载项"、"控件"、"XML"、"保护"、"模板"。单击"开发工具"选项卡后所列出的功能区如图1.15所示。

图1.15　"开发工具"选项卡所列出的功能区界面

9. "加载项"选项卡

"加载项"选项卡目前包括2个任务"组"："菜单命令"和"工具栏命令"。单击"加载项"选项卡后所列出的功能区如图1.16所示。

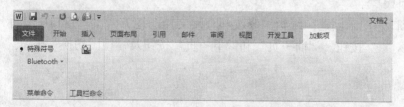

图1.16　"加载项"选项卡所列出的功能区界面

在功能区上除了标准的选项卡集之外，还有一种上下文选项卡，它们只在需要执行相关处理任务时才会出现在选项卡界面上。上下文选项卡提供用于处理所选项目的控件。例如，仅当选中"图片"后，才以高亮颜色在标准选项卡的"格式"项上面显示"图片工具"栏，如图1.17所示。

图1.17　在标准选项卡上显示出"图片工具"栏及
"格式"选项卡所列出的功能区界面

　　除了选项卡、组和命令按钮之外，Word 2010还提供了使用其他元素来实现任务的途径。下面的元素更接近于Word早期版本中的菜单和工具栏。

　　"对话框启动器"为在各个组右侧的小图标。鼠标移动到"对话框启动器"之上，将会出现如图1.18所示的提示框。单击"对话框启动器"将打开相关的对话框或任务窗格，在其中提供了与该组相关的更多选项，如图1.19所示。

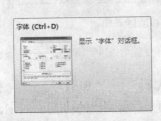

图1.18　"对话框启动器"提示框

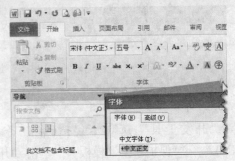

图1.19 单击"对话框启动器"打开的对话框

1.3.5　状态栏

　　状态栏位于Word 2010窗口的底部，参见图1.1所示。状态栏提供了关于文档当前位置的各种信息，如当前显示的是文档的第几页、文档字数等。另外，在状态栏中还可以显示一些特定命令的工作状态，如"自动更正"、"插入"状态及当前使用的语言等。当这些命令的按钮为高亮显示时，表明其目前正处于工作状态，若变为灰色，则表明未在工作状态下，用户可以通过双击按钮来设定对应的工作状态。

1.3.6　文档窗口

　　文档窗口是用来创建、编辑、修改和查阅文档的地方，文档窗口中有标尺、滚动条、"选择浏览对象"按钮、"前一页"和"下一页"按钮及"视图切换"按钮、"显示比例"按钮。

　　1. 标尺

　　Word 2010的标尺分为水平标尺和垂直标尺，分别位于文档窗口的上方和左侧，使用标尺可以查看正文的宽度和高度，同时还可以设置段落缩进、左右页边距、制表位和栏宽。若不需要显示标尺，可以将其隐藏，其方法是单击"标尺"按钮即可；若希望恢复标尺，可再次单击该按钮。

　　2. 滚动条

　　使用滚动条可以对文档进行定位。Word 2010的滚动条分为水平滚动条和垂直滚动条，分别位于文档窗口的下边和右侧。单击滚动条两端的箭头可以使文档上下左右滚动，也可使用鼠标指针单击滚动条拖拉滚动。

　　3. "前一页"和"下一页"按钮

　　这两个按钮是用于滚动文档的，单击按钮或按钮，可以显示前一页或下一页文档。此外，它们和"选择浏览对象"按钮结合使用还可以滚动一页或一节等。

4."选择浏览对象" ⊙ 按钮

单击⊙按钮，将打开"选择浏览对象"菜单，如图1.20所示。从中可以选择所需的浏览项目。例如，若选定"按图形浏览"，那么"前一页"和"下一页"按钮就变成了"前一张图形"和"下一张图形"按钮，单击它们即可浏览图形，Word的默认设置为"按页浏览"。

图1.20　"选择浏览对象"菜单

5. 视图切换按钮

在状态栏的右侧有5个按钮▣◁◁▣≣，用于控制视图模式的切换，它们分别代表5种文档视图，依次为页面视图、阅读版式视图、Web版式视图、大纲视图、普通视图。不同的视图模式有不同的显示效果，用户可以根据自己的工作情况进行选择。

1.4　了解个性化设置

1.4.1　修改默认文件格式

有时用户会希望保存文件以防被他人修改，但又希望能够轻松共享和打印这些文件。借助Word 2010可以将文件转换为PDF或XPS格式，而无需使用其他软件或加载项。如果希望文档满足以下条件：

·在大多数计算机上看起来均相同。

·具有较小的文件大小。

·遵循行业格式。

可以执行如下操作：

1. 单击"文件"选项卡，打开文件管理中心。

2. 单击"另存为"命令。

3. 如果尚未在"文件名"框中输入文件的名称，请输入文件名。

4. 在"保存类型"列表中，选择"PDF（*.pdf）"或"XPS文档（*.xps）"项。

·如果要在保存文件后以选定格式打开该文件，请选中"发布后打开文件"复选框。

·如果文档要求高打印质量，请选择"标准（联机发布和打印）"项。

·如果文件大小比打印质量重要，请选择"最小文件大小（联机发布）"项。

5. 单击"选项"项以设置要打印的页面，选择是否应打印标记以及选择输出选项。完成后，请单击"确定"按钮。

6. 单击"保存"按钮。

> **提示**　将文档另存为PDF或XPS文件后，则无法将其转换回Office文件格式，除非使用专业软件或第三方加载项。

也可以将文档转换为其他格式，只需要在"保存类型"列表中选中所要保存的格式即可。

1.4.2　自定义功能区

　　可以使用自定义设置根据需要对属于Office Fluent用户界面的功能区进行个性化设置。例如，可以创建自定义选项卡和自定义组来包含常用命令，如图1.21所示。

图1.21　创建的自定义选项卡

　　尽管用户可以向自定义组添加命令，但无法更改Word 2010中内置的默认选项卡和组。

　　在"自定义功能区"列表中，自定义选项卡和组的名称后面带有"（自定义）"字样，但"（自定义）"这几个字不会显示在功能区中。

　　自定义功能区的操作方法如下：

　　1. 单击"文件"选项卡，打开文件管理中心。

　　2. 单击"帮助"命令选项，在打开的右窗格中单击"选项"命令，打开"Word选项"对话框。

　　3. 单击"自定义功能区"项。

　　4. 单击"新建选项卡"项。

　　5. 若要重命名选项卡，单击要重命名的选项卡或组，单击"重命名"项，然后键入新名称。

　　6. 单击要向其中添加组的选项卡。

　　7. 单击"新建组"项。

　　8. 若要重命名"新建组（自定义）"，请右击该组，单击"重命名"项，然后键入新名称。

　　9. 若要隐藏添加到此自定义组中的命令标签，请右击该组，然后单击"隐藏命令标签"项。

　　10. 若要查看和保存自定义设置，请单击"确定"按钮。

　　提示　自定义功能区设置后，自定义的选项卡会出现在所有打开的Word文档中，而不是仅应用于当前的Word文档中。

1.4.3　修改快速工具栏

　　如果不希望快速访问工具栏显示在其当前位置，可以将其移到其他位置。如果发现程序图标旁的默认位置离工作区太远而不方便，可以将其移到靠近工作区的位置。但如果该位置处于功能区下方，则在最大化工作区时可能会超出工作区。因此，如果要最大化工作区，可能需要将快速访问工具栏保留在其默认位置。

　　修改快速工具栏的方法如下：

　　1. 单击"自定义快速访问工具栏"按钮 。

　　2. 在打开的列表中，选择"在功能区下方显示"或"在功能区上方显示"项。

1.5 获取帮助

Word 2010为用户提供了详尽的帮助文档，用来帮助用户解决使用过程中可能遇到的问题。所以，掌握如何使用帮助文档，对于自行解决文稿制作过程中所遇到的技术问题至关重要，它不仅可以加快用户掌握Word 2010的进度，而且可以大大提高工作效率。

1.5.1 Word 2010的帮助系统

Word 2010中的帮助系统，更为方便实用。按"F1"键或选择Word界面右上角的"帮助"按钮，即可调出"Word帮助"窗口，如图1.22所示。

Word 2010中的帮助系统可供用户进行查找、搜索，在"搜索"文本框中输入"新功能"，单击"搜索"按钮，搜索完成后，多条搜索结果自动显示在"Word帮助"窗口中，用户可以选择相应的结果了解详细内容，如图1.23所示。

图1.22 "Word 2010帮助"窗口　　　　　图1.23 搜索关键词"新功能"的结果

1.5.2 连接到Office Online

通过"Word帮助"窗口可在线连接至Office Online，单击"Word帮助"窗口右下角的"连接状态"，然后选择"显示来自Office.com的内容"，如图1.24所示，可以访问Office Online上的文章、模板、联机培训、下载和服务，这是了解如何使用Word 2010以及制作文档的一种有效途径。

图1.24 连接到Office.com

【动手实验】 熟悉Word 2010的启动与退出。

使用以下几种方法之一启动Word 2010。

1. Word的常规启动

"常规启动"是Windows系列操作系统中最常用的启动方式，即从"开始"菜单中启动。单击操作系统左下角任务栏中的"开始"→"所有程序"→"Microsoft Office"→"Microsoft Office Word 2010"，即可启动。

2. Word的快速启动

通过双击桌面快捷方式快速启动Word 2010程序，即在桌面上将鼠标移到Word 2010快捷启动图标上，直接双击即可。

注意 使用该方法的前提是在桌面上创建快捷启动图标，创建方法如下：

　　1）选中"开始→所有程序→Microsft Office→Microsft Office Word 2010"。

　　2）按下鼠标右键，在弹出的列表中选择"发送到桌面快捷方式"选项，这样便在桌面上创建了一个快捷启动方式。

3. 通过"开始"菜单中的选项来快速启动。

具体方法为：直接单击桌面上的"开始"菜单中的"Microsft Office Word 2010"选项即可。

注意 使用该方法的前提是在"开始"菜单中加入Microsft Office Word 2010选项，建立方法：在桌面上将鼠标移到快捷启动图标上，按下鼠标右键，在弹出的对话框中选择"附到[开始]菜单"选项。

4. 通过已存文稿启动

在创建并保存了Word文件后，可以通过已有的文件启动Word。方法是：从Windows系统中的"我的电脑"窗口中相应文件夹里面找到已存的文件，直接双击它来启动Word。

另外，Windows会自动记录用户最近使用过的文件名称，用户可以很容易地找到最近曾经制作过的演示文稿，方法是：单击屏幕左下角的"开始"→"我最近的文档"选项，选择已存文件的文件名即可启动Word并打开该文件。

退出Word有以下两种方法。

1. 直接单击标题栏最右端的"关闭"按钮⊠。

2. 单击"文件"选项卡，打开文件管理中心，单击"退出"命令选项。

需要说明的是，如果在上次保存文档之后进行了更改，则将显示一个消息框，询问是否要保存更改。若要保存更改，请单击"是"按钮。若要退出而不保存更改，请单击"否"按钮。如果错误地单击了"退出"按钮，可单击"取消"按钮。

第2章 文档的基本操作

文本编辑是Word最基本的功能。正所谓"千里之行，始于足下"，即使上千页的文档也要从创建新文档开始。Word 2010为一个新文档的起步和完成提供了各种工具，使得各种操作，如选定、拖动、拷贝、插入等都可以用鼠标或键盘快捷键轻松完成，同时它也能帮助修饰文档的外观和完善文档内容。因此掌握Word文档的基本操作是深入学习Word的基础，用户只有在充分了解这些基本操作之后，才能更好地使用Word 2010。

2.1 创建文档

Word 2010提供了两种创建文档的方法，一种是创建空白文档，另一种是从模板创建文档。

2.1.1 创建空白文档

使用Word 2010创建空白文档非常简单，用户只要启动Word程序，就会自动创建一个名为"文档1"的空文档，这种方法适合在第一次创建文档时使用。如果已经启动了Word 2010，则有以下几种创建空白文档的方法。

1. 单击"文件"选项卡，打开文件管理中心，如图2.1所示。单击其中的"新建"命令选项，此时弹出如图2.2所示的对话框。

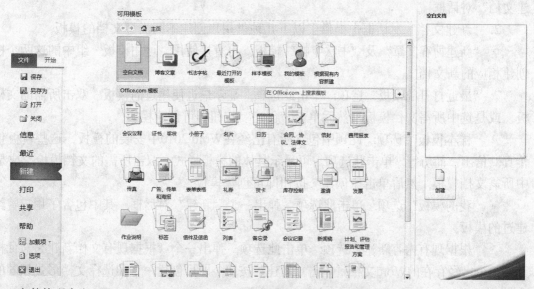

图2.1 文件管理中心　　　　　　　　　　　　　　图2.2 弹出的对话框

·双击默认的"空白文档"图标，即可创建一个空白文档。

·如果默认未选中"空白文档"，单击其图标，使其被选中，然后双击即可。也可直接双击未选中的"空白文档"。

2. 直接单击快速访问工具栏上的"新建文档" □按钮，即可创建一个空白文档。

3. 按"Ctrl+N"组合键即可创建一个空白文档。

2.1.2 从模板创建文件

没有必要从零开始创建每个文档，取而代之的是，可以选择一个提供了设计设置的模板，以此为基础创建文档内容。Office应用程序提供了许多模板，有的安装在系统中，有的是联机提供的。在Word中，可以从多种不同的模板中进行选择以启动文档。

一、了解模板

每个在Word中创建的新文档（即使是空白文档）都是基于某个模板的，此模扳指定了文档的基本格式，如页边距设置和默认文本格式。在创建空白文档时，Word自动运用默认的通用模板Norma1.dotm。

在其他情况下，可以选择一种特定的模板作为新文档的基础。模板不仅包含设计元素，也包含标签和起始文字以及信息占位符。例如，可以选择一份传真模板，模板上保留有为收件人姓名、传真号码和其他信息预定义的标签和位置。还可以选择简历模板，模板上定义了很好的页面布局，上面有占位符，可以选择并替换占位符以添加自己的简历信息。

二、从模板创建文件

Word 2010安装时就在系统中安装了博客文章、书法字帖、样本模板等多种模板，用户也可以从Office.com上搜索并下载所需模板。

使用模板创建新文档与创建空白文档类似，使用"新建文档"窗口可以浏览和选择所需模板，并且多数情况下在选定要使用的模板之前可以进行查看预览。

1. 单击"文件"选项卡，打开文件管理中心，选择其中的"新建"命令选项，打开"新建文档"对话框。

2. "新建文档"对话框中提供了以下几种供用户创建不同类型文档的模板。

· "新建博客文章"及"书法字帖"模板：可直接使用"可用模板"组中的这两个模板创建相应的新文档。

· "最近打开的模板"选项：单击此选项，显示最近使用过的模板。双击所需的文档模板，或是选中所需文档模板，然后单击"创建"按钮即可创建模板。

· "样本模板"选项：此项中包含所有已经在Word 2010中安装的模板。这些模板包括传真、信函、简历等。单击此选项，可显示具体的模板样式。双击所需的文档模板，或是选中所需文档模板，然后单击"创建"按钮即可创建模板。

· "我的模板"选项：单击此选项，弹出一个"新建"对话框，其中包含了用户曾经创建过的模板。

· "根据现有内容新建"选项：单击此选项，弹出一个"根据现有文档新建"对话框，选择一个已经存在的Word文档，单击"新建"按钮，即可创建一个和选择文档形式相同的新文档。

· "Office.com模板"选项区：除了可以直接使用已经在Word 2010中安装的模板和用户已经定义过的模板外，还可以从Office.com上搜索并下载所需模板。可下载的模板包括简历、会议议程、名片、备忘录、采购订单、新闻稿、广告、传单和海报等。

单击所需的模板名称，程序会自动在微软网站上搜索相应的模板，选中自己所需的模板，单击"下载"按钮，下载完毕后，Word 2010将自动按照下载的模板新建一个文档。

2.2 打开已存在的文档

打开文档是Word中的一项最基本的操作，对于任何文档来说用户都必须先要打开它，然后才能对其进行编辑、修改等操作。在Word 2010中，可以直接打开Word 97～Word 2003版本的文档和Word 2007文档，但它们是以兼容模式打开的，有些新功能会被禁用。

Word 2010中提供了以下多种打开文档的方法。

1. 单击"文件"选项卡，打开文件管理中心，单击其中的"打开"命令选项，在"打开"对话框中选择需要打开的文件所在位置，再选中需要打开文件名，然后单击"打开"按钮，或直接双击选中需要打开的文件名即可。

> **提示** Word允许一次打开多个文档。当用户需要一次打开多个连续的文档时，可按住
> "Shift"键进行选择；若一次打开多个不连续的文档，则按住"Ctrl"键进行选择。

在打开文档有多种方式可供用户选择。用户可根据自己的需要选择相应的打开方式，例如以只读方式打开文档等。具体做法是在"打开"对话框中单击"打开"按钮右侧的小三角按钮，在弹出的菜单中选择文档的打开方式即可，如图2.3所示。

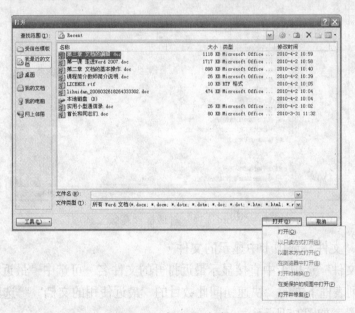

图2.3 "打开"对话框

"打开"菜单中文档打开方式的说明如下。

· 打开：以正常方式打开文档，该打开方式为Word默认的文档打开方式。

· 以只读方式打开：使用该方式打开的文档将以只读方式存在，用户不能对其进行编辑和修改。

· 以副本方式打开：使用该方式将打开一个文档的副本，而不打开原文档。用户对该副本文档所做的编辑、修改将直接保存到副本文档中，对原文档则没有影响。

·在浏览器中打开：该方式可在浏览器中打开文档并进行查看。当然这需要文档是以Web页面格式保存的。

2. 直接单击快速访问工具栏上的"打开"按钮 。

3. 按"Ctrl+O"组合键。

4. 打开最近使用过的文档。

Word 2010提供了如下几种对最近使用过的文档进行快速打开的方式。

·单击"文件"选项卡，在打开的文件管理中心中选择"最近"命令选项，在其右侧的"最近使用的文档"列表框中显示了最近打开的文档，单击其中的某个文件名称，即可快速打开该文档。

需要说明的是，"最近使用的文档"中显示的文档个数可以在"Word选项"对话框中设置。具体操作方法是，单击"文件"选项卡，在打开的文件管理中心中单击"选项"命令，在打开的"Word选项"对话框中选择"高级"选项，在菜单栏右侧的显示区内找到"显示"栏，设置"显示此数目的'最近使用的文档'"为所需的数目即可，如图2.4所示。

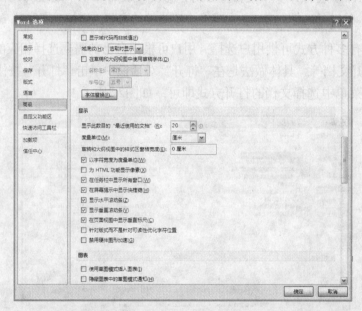

图2.4　"Word选项"对话框"高级"选项

·直接单击"文件"选项卡中显示的文件。

若需要在"文件"选项卡中直接显示最近打开的文件名，可选中"最近"命令右侧"最近使用的文档"列表框下方的"快速访问此数目的'最近使用的文档'"选项框，并进行显示文件数目的设置，如图2.5所示。

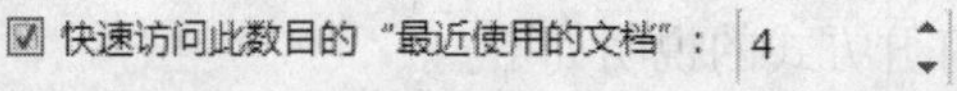

☑ 快速访问此数目的"最近使用的文档"：│4　　▲▼

图2.5　设置文件数目

·单击"文件"选项卡，在打开的文件管理中心中单击"打开"命令选项，在"打开"对话框（如图2.3所示）中单击"我最近的文档"选项，然后在右侧的列表框中选择要打开的文档，单击"打开"按钮即可，或直接双击右侧列表框中选中的文档即可。

5. 通过"我的电脑"或"资源管理器"来打开。

　　用户可通过"我的电脑"或"资源管理器"浏览系统文件，找到所需打开的文件，它一定是一个与Word相关联的文件（通常扩展名为.docx或是.doc），双击该文件名即可打开它。如果Word未启动，则系统会先自动启动Word应用程序。

2.3　文档的保存与关闭

2.3.1　文档的保存

　　编辑完文档之后，在关闭文档之前，应先保存文档。保存文档有以下几种方法。

　　1. 单击"文件"选项卡，在打开的文件管理中心中单击"保存"命令，如果同一文档先前已保存过，则当前编辑的内容将按照用户原有的保存路径、名称及格式进行保存；否则，该命令的功能将会等同于单击"文件"选项卡，在打开的文件管理中心中单击"另存为"命令。

　　2. 直接单击快速访问工具栏上的"保存" 🔲按钮，或按"Ctrl+S"组合键。

　　3. 单击"文件"选项卡，在打开的文件管理中心中单击"另存为"命令，在打开的"另存为"对话框中选择文档的"保存路径"，如D盘下的"文稿"子目录；在"文件名"文本框中设置文件的保存名称，如"文件的基本操作"；在"保存类型"下拉列表中选择文件的保存类型，如"Word文档"，这也是系统默认的Word文件格式（扩展名为：.docx），如图2.6所示。

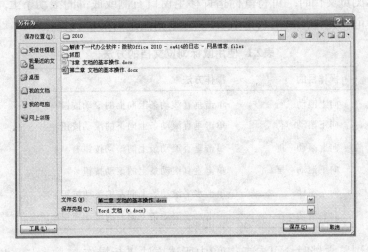

图2.6　"另存为"对话框

　　提示　Word 2010中提供了多种保存文档的格式，可以将文档保存为与Word 97～Word 2003完全兼容的文档格式，或直接另存为PDF或XPS文档格式。用户可根据需要在"保存类型"下拉列表中选择文件的保存类型。

　　4. 按"F12"快捷键，该操作等同于选择"文件"选项卡中的"另存为"的菜单命令。

2.3.2　关闭文档

　　如果要关闭某个文档，可以单击"文件"选项卡，在打开的文件管理中心中单击"关闭"命令，也可以直接单击窗口右上角的"关闭窗口"按钮。在关闭文档时，若文档内容自上次存盘之后没有进行更新，则可顺利关闭；否则在关闭该文档时，将弹出如图2.7所示的对话框。询问用户是否保存所做的更改，单击"保存"按钮，即可保存并关闭该文档；单击"不保存"按钮，将取消对该文档所做的修改并关闭它；单击"取消"按钮，则关闭文档的操作被终止。

图2.7　提示对话框

2.4　浏览文档

浏览Word文档是用户进行文档编辑的一个必要操作。在编辑文档之前，往往需要先对文档进行浏览，找到需要编辑的位置。Word 2010提供了多种浏览文档的方法，浏览时不仅可以使用鼠标及键盘进行操作，还可以按照特定对象进行浏览。不过在开始浏览之前，首先要了解文档的"当前的位置"，"当前的位置"被称为"插入点"，它由一个闪烁的竖线表示。

2.4.1　使用鼠标及键盘浏览文档

在使用鼠标浏览文档时，可将鼠标指针移至窗口右侧或底部的滚动条上，然后按住鼠标左键进行拖拉即可。此外，还可参考表2.1中所述方法进行文档浏览。

表2.1　使用鼠标浏览文档的方法

操作目的	操作方法
向上滚动一行	单击垂直滚动条上向上的滚动按钮▲
向下滚动一行	单击垂直滚动条上向下的滚动按钮▼
向上滚动一屏	单击垂直滚动条上的滚动按钮▲
向下滚动一屏	单击垂直滚动条上的滚动按钮▼
向左滚动	单击水平滚动条上向左的滚动按钮◀
向右滚动	单击水平滚动条上向右的滚动按钮▶

在使用键盘浏览文档时，可参考表2.2中所述方法进行操作。

表2.2　使用键盘浏览文档

按键	执行操作	按键	执行操作
←	左移一个字符	Ctrl+↓	下移一段
→	右移一个字符	Shift+Tab	在表格中左移一个单元格
Ctrl+←	左移一个单词	Tab	在表格中右移一个单元格
Ctrl+→	右移一个单词	↑	上移一行
Ctrl+↑	上移一段	↓	下移一行

（续表）

按键	执行操作	按键	执行操作
End	移至行尾	Ctrl+Page Up	移至上页顶端
Home	移至行首	Ctrl+Page Down	移至下页顶端
Alt+Ctrl+Page Up	移至窗口顶端	Ctrl+End	移至文档结尾
Alt+Ctrl+Page Down	移至窗口结尾	Ctrl+Home	移至文档开头
Page Up	上移一屏	Shift+F5	移至前一修订处
Page Down	下移一屏	Alt+Ctrl+Home	选择浏览对象

2.4.2 定位文档

Word提供了两种方法可以快速定位到用户需要查找的页、节、图形和表格等，而不必考虑文档内容。

一、使用"导航"窗格

使用"导航"窗格的方法是单击"视图"选项卡，选中"显示"组中的"导航窗格"复选框即可，此时在编辑窗口的左侧将显示"导航"窗格，如图2.8所示。

"导航"窗格中提供了三种快速定位文档的方式，分别为"浏览您的文档中的标题"、"浏览您的文档中的页面"和"浏览您当前搜索的结果"。

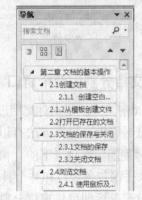

图2.8 "导航"窗格

1. 按"浏览您的文档中的标题"快速定位

选中""选项，在"导航"窗格内会显示出该文档的标题并提供其链接，可以根据需要单击要浏览的文档标题，则页面会立即跳转到文档中的该节。

> **提示** 此功能要求文档必须已经建立了文档标题。若要在文档中建立标题，请运用"标题样式"功能。

2. 按"浏览您的文档中的页面"快速定位

选中""选项，在"导航"窗格内会显示出该文档页面的"缩略图"，可以根据需要立即跳转到文档中的某一指定页。

3. 按"浏览您当前搜索的结果"快速定位

选中""选项，在"导航"窗格中的搜索框中输入内容来搜索文档中的文本。单击"放大镜"按钮（查找命令）可搜索对象，如图形、表格、公式或审阅者。

二、使用"定位"命令

在"开始"选项卡的"编辑"组中，单击"查找"按钮右侧的小三角按钮，在下拉菜单中单击"转到"命令，或按"Ctrl+G"组合键，即可打开"查找与替换"对话框的"定位"

选项卡，如图2.9所示。

在"定位目标"列表框中选择要定位的目标选项，在"输入页号"框中输入定位的条件，再单击"定位"按钮即可快速定位到相应位置。

例如在"定位目标"列表框中选择"页"，在"输入页号"下的文本框中输入"7"，单击"定位"按钮将定位到该文档的第7页。

2.4.3　按不同对象浏览文档

Word还提供了"选择浏览对象" ◎按钮来实现按不同对象浏览文档的方法。要快速查找图形或批注等项目，单击垂直滚动条上的"选择浏览对象" ◎按钮，将出现如图2.10所示的窗口，然后单击所需的项目进行浏览即可。若需要继续查找下一个或上一个相同类型的项目，可以单击竖形滚动条上的"下一处" ⊠或"上一处" ⊠按钮。

图2.9　"定位"选项卡

图2.10　"选择浏览对象"窗口

2.4.4　将文档分割为两个窗口

在Word中为方便用户对文档进行浏览和编辑，可将窗口拆分为上下两个窗口，对同一文档进行浏览与编辑，操作方法有以下两种。

1. 在"视图"选项卡下的"窗口"组中，单击"拆分" ⊟按钮，这时在窗口中将出现一条较粗的水平深灰色线段和一个具有上下两个箭头的光标，移动鼠标将该线段置于要分割的位置上，单击鼠标即可将窗口分割为上下两个窗口。

2. 用户直接将鼠标指针移至垂直滚动条的顶部，当鼠标指针变为具有上下两个箭头的光标时，按住鼠标左键向下拖动到要分割的位置上并释放鼠标，即可将窗口分割为上下两个窗口。

若需要取消窗口的拆分，可在"视图"选项卡上的"窗口"组中，单击"取消拆分"按钮即可。

提示　在"视图"选项卡下的"窗口"组中，单击"拆分" ⊟按钮后，该按钮变为"取消拆分"按钮。

2.5　Word视图

Word不仅提供了许多浏览文档的方法，也提供了许多改变文档工作环境的方式，我们把多种不同的可以使用的环境称为"视图"。在Word 2010中提供了6种视图方式："页面" ▤、"阅读版式" ▦、"Web版式" ▤、"大纲" ▤、"草稿" ▤和"打印预览"，其中前5种都可以在 "视图"选项卡上的"文档视图"组中找到，单击相应的视图选项即可按相应的视图进行访问，或直接单击文档窗口状态栏右端的视图切换按钮 中相应的视图按钮；若需要使用"打印预览"视图，则单击"文件"选项卡，在打开的文件管理中心中单击"打印"命令，此时窗口最右侧将出现"打印预览"视图；还可以直接单击快速访问工具栏的"打印预览" 按钮进行该项操作。

用户可以根据需要对视图大小进行调整，方法是直接通过状态栏上右侧的"显示比例"控制条 64% 指定显示比例即可。

2.5.1 页面视图

页面视图可精确地显示文本、图形、公式及其他非文字元素在最终的打印文档中的情形。页面视图便于处理固定文本以外的元素，比如页眉、页脚、柱形图及图画等。页面视图比草稿视图更能精确地显示出最终文档的外观。用户可以通过状态栏上右侧的"显示比例"控制条 100% 指定显示比例，对视图大小进行调整。

2.5.2 阅读版式视图

阅读版式视图是为了便于文档的阅读和评论而设计。阅读版式将显示文档的背景、页边距，并可进行文本的输入、编辑等操作，但不显示文档的页眉和页脚。

在阅读版式视图中，文档可以在两个并排的屏幕中展示，就像一本打开的书。这两个屏幕会根据显示屏的大小自动调整到最容易辨认的情形。

若需要对阅读版式视图进行相应的设置，选择"阅读版式视图"窗口最上方右侧的"视图选项"选项，在弹出的下拉菜单中选择所需的选项即可，如图2.11所示。

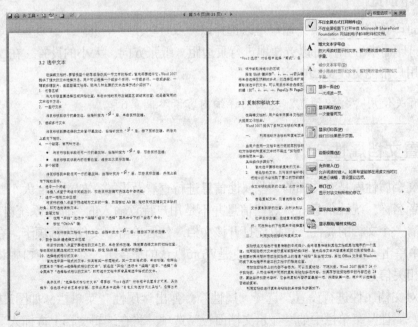

图2.11 弹出的下拉菜单

在阅读版式视图下进行文本的输入、编辑等操作时，需要进行设置，方法是：单击"阅读版式视图"窗口最上方右侧的"视图选项"，在弹出的下拉菜单中，选择"允许键入"选项即可。

2.5.3 Web版式视图

在创建网页或浏览文档时，还可以使用Web版式视图。在Web版式视图中，可以看到背景和根据窗口大小而自动换行显示的文本，并且图形位置与在Web浏览器中的位置一致。如果文档中包含了超链接，那么将默认在其中以下画线显示它们。

2.5.4 大纲视图

对于写作与组织文档来说，大纲视图是Word最强大却最少使用的工具之一。

在大纲视图下用户可以非常方便地查看文档的结构，并可通过拖动标题来移动、复制和重新组织文本。同时用户也可以通过双击标题左侧的"+"号标记，展开或折叠文档，使其显示或隐藏各级标题及内容。

根据实际需要，可以让大纲视图只显示文档的主标题。"大纲视图"的另一个功能是"主控文档"管理器。

2.5.5 草稿视图

草稿视图，正如其名字所暗示的，是输入、编辑和格式化文本的标准视图。因为它的重点是文本，因此简化了页面的版式，隐藏了页面边缘、页眉、页脚、文字包装对象、浮动的图形以及背景等。用户可以通过状态栏上右侧的"显示比例"控制条 100% ⊖ ━━━━━ ⊕ 指定视图显示比例，从而对视图大小进行调整。

2.5.6 打印预览

在"打印预览"页面下，用户可以选择以"双页"、"单页"，"页宽"等方式查看文档。根据打印需求，用户可以方便地进行页边距、纸张方向、大小的设置。在"打印预览"页面下，用户不能更改文档内容。

提示 有关使用"打印预览"页面的详细内容请参阅第6章。

2.6 设置文档属性

设置文档属性就是对文档的一些属性信息进行查看及设置，如类型、大小、创建时间、标题、作者名称、统计信息等。这些信息并不是用户特意输入的，而是系统自动创建的。

要查看一个文档的属性，可以先打开该文档，然后单击"文件"选项卡，在打开的文件管理中心中单击"信息"命令（注：这也是Word默认的命令），在左侧窗口中将显示出有关该文档的相关信息。

若要对文档属性进行设置，选择"属性"，弹出"属性"菜单栏，如图2.12所示。

选中"属性"菜单栏中的"显示文档面板"选项，将在编辑文档上方插入"文档属性"对话框，如图2.13所示，在其中可设置文档的编辑属性，如作者、标题、主题等信息。

选中"属性"菜单栏中的"高级属性"选项，将或直接单击编辑文档上方"文档属性"旁的小三角选项，再单击弹出列表中的"高级属性"选项，将弹出"××.docx属性"对话框，如图2.14所示，在其中可对文档的更多属性信息进行查看及设置。

图2.12 "属性"菜单栏

在"××.docx属性"对话框中有5个选项卡，其功能如下。

·常规：在该选项卡中可以查看文档的类型、位置、大小、创建时间、属性等信息。

·摘要：在该选项卡中可以查看及设置文档的摘要信息，如标题、作者、单位、备注等。

·统计：在该选项卡中显示了文档的统计信息，如修订次数、编辑时间、页数、段落数及字符数等。

·内容：在该选项卡中列出了文件的组成部分、Word中的标题名。

·自定义：在该选项卡中可设置文档的自定义属性，如名称、类型、取值、属性等。

图2.13 "文档属性"对话框

【动手实验】制作一个会议通知。

图2.15所示的是一个会议通知。这是一个很简单的Word文档，但是却包含了一些基本操作。

图2.14 "×××.docx属性"对话框　　　　　　　图2.15 会议通知

制作"会议通知"的主要操作步骤如下：

1. 启动Word 2010程序，打开一个以空白模板为基础的空白文档——文档1。

2. 在建立的新文档中，输入会议通知的有关内容。

3. 进行简单的格式设置。

· 选中"会议通知"，单击"开始"选项卡下的"段落"组中的"居中"≣按钮，单击"开始"选项卡下的"文本"组中的字号下拉框中选择"小一"，再单击"加粗"**B**按钮。

· 选中"会议通知"的正文，在"字体"下拉框中选择"仿宋_GB2312"，字号选择"小三"。

· 选中"北方大学教务处"和落款时间，单击"开始"选项卡"段落"组中的"右对齐"按钮≣。

4. 打开"文件"选项卡，在弹出的下拉菜单中单击"保存"命令，或直接单击快速访问工具栏上的"保存"▣按钮，弹出"另存为"对话框。选择好文档存放的路径，在"文件名"的文本框中输入"会议通知"，如图2.16所示，单击"保存"按钮即可。

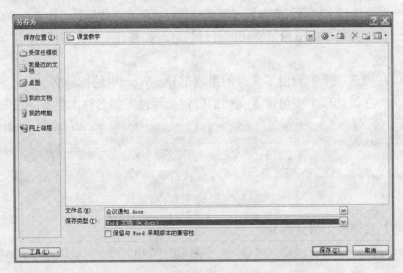

图2.16　保存文本为"会议通知"

5. 打开"文件"选项卡，在弹出的下拉菜单中单击"关闭"命令，或直接单击快速访问工具栏上的"关闭"⊠按钮，退出Word 2010，这样就完成了一封"会议通知"文档。

第3章 文档的编辑

文档的编辑工作是对文档进行其他一切操作的基础，因此制作一份优秀文档的必备条件就是熟练掌握各种基本的编辑功能。用户经常需要在新建或打开的文档中对各种文本进行各种格式的编辑操作，然后对输入的文字和段落进行更为复杂的处理。Word 2010提供了更为强大的功能选项卡，使用起来更加方便、简单。同时，使用Word中的即时预览功能，更加便于用户快速实现预想设计。因此，在处理文档时，无论是文档版面的设置、段落结构的调整，还是字句之间的增删，利用快捷键和选项卡都显得十分方便。本章介绍Word 2010处理文字的基本操作，包括文字、符号的输入，日期和时间的插入，文本的复制、移动、删除、查找和替换，在文本输入时进行自动更正、拼写与语法检查等。

在日常工作中，用户经常需要编写一些文档，比如各种类型的文章、通知等。本章首先将介绍如何简单编辑一个文档，实例文档如图3.1所示。

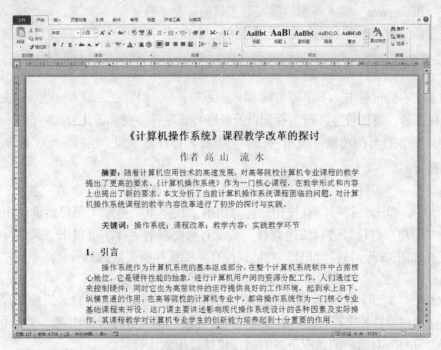

图3.1 实例文档

3.1 输入文本

输入文本是Word中的一项基本操作。在处理文本之前，必须首先将其输入到Word之中。通常，只要启动了Word（它会自动打开一个空白的Word文档）或在Word中创建了一个新的Word文档，就可以输入文字了，此时在文档的开始位置会出现一个闪烁的光标，即"插入点"，用户输入的任何文字都会在插入点处出现。在输入的过程中，Word有自动换行的功能，当输入到行尾时，不需要按"Enter"键，文字会自动移到下一行。当输入到段落结尾时，按"Enter"键，该段落将结束。

3.1.1　输入文本

当用户确定了插入点的位置后，就可以输入文本内容了。用户根据输入的内容（如中文、英文）和自己熟悉的输入法，选择一种输入法即可开始文本的输入。

在Word中，文本的输入可以分为两种模式：插入模式和改写模式。系统默认的文本输入模式为插入模式。在插入模式下，用户输入的文本将在插入点的左侧出现，插入点右侧的文本将依次向后顺延；而在改写模式下，用户输入的文本将依次替换插入点右侧的文本。

若要在插入模式和改写模式之间进行切换，可双击窗口状态栏中的"插入"按钮，当该按钮显示"插入"时，表示当前使用的是插入模式；当该按钮显示"改写"时，表示当前使用的是改写模式。也可以使用键盘上的插入（Insert）键进行插入模式和改写模式之间的切换。

文本的输入操作说明如下：

· 按"Enter"键，将结束本段落并在插入点的下一行重新创建一个新的段落。

· 按空格键，将在插入点的左侧插入一个空格符号。

· 按"Backspace"键，将删除插入点左侧的一个字符。

· 按"Delete"键，将删除插入点右侧的一个字符。

3.1.2　在文本中插入符号

在输入文本的过程中，不仅需要输入中、英文字符，经常还会插入一些键盘上没有的符号，如版权符号、商标符号、段落标记以及一些特殊字符（例如①、☺、→、♫、♥等）。Word提供了插入符号的功能，为用户在文本中插入各种符号和一些特殊的字符提供方便。

一、插入符号

要在文档中插入符号，可先将插入点放置在要插入符号的位置上，在"插入"选项卡的"符号"组中，单击"符号"Ω按钮，在弹出的下拉菜单中显示了用户最近使用过的20个符号，以方便用户对符号进行快速查找。若没有所要求的字符，可单击"其他符号"命令选项，打开如图3.2所示的"符号"对话框，在其中选择所要插入的符号，单击"插入"按钮即可。

在"符号"对话框的"近期使用过的符号"选项组中显示了用户最近使用过的16个符号，以方便用户对符号进行查找。另外还可对经常使用的符号设置快捷键，这样用户就可以在不打开"符号"对话框的情况下，直接按快捷键输入该符号。

设置符号快捷键的方法如下：

1. 按照上述步骤打开"符号"对话框，选中需要使用的符号。

2. 单击对话框中的"快捷键"按钮，打开"自定义键盘"对话框。

3. 将光标置于"请按新快捷键"文本框中，按下需要设置的快捷键（如：Alt+Z）。

4. 单击"指定"按钮，这时设置的快捷键将显示在"当前快捷键"列表框中，表示快捷键设置成功，如图3.3所示。

5. 单击"关闭"按钮，关闭"自定义键盘"对话框，返回"符号"对话框。

6. 在"符号"对话框中，单击"插入"或"取消"按钮，关闭"符号"对话框。

今后用户在编辑文本时，若需要输入符号"【"，可直接使用快捷键"Alt+Z"。

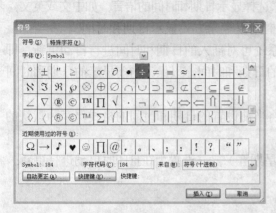

图3.2 "符号"对话框　　　　　图3.3 "自定义键盘"对话框

二、插入特殊字符

大多数符号都可以通过前面介绍的插入符号的方式来实现，但对于一些像"©"（版权符号）类的特殊符号，就需要通过插入特殊字符来实现。

要在文档中插入特殊字符，可先将插入点放置在要插入特殊字符的位置，单击"插入"选项卡下"符号"组中的"符号"按钮，选择"其他符号"选项，打开"符号"对话框，单击"特殊字符"选项卡，在"字符"列表框中选择所要插入的特殊字符，单击"插入"按钮即可，如图3.4所示。

特殊字符也可以设置快捷键，方法同为一般符号设置快捷键一样。

3.1.3 插入日期和时间

用户可以向正在编辑的文档中插入固定日期或时间，也可以插入当前的日期或时间，并可以设置日期或时间的显示格式，以及对插入的日期或时间设置是否进行更新。

一、使用"日期和时间"对话框插入日期和时间

首先将插入点放置在要插入日期或时间的位置，单击"插入"选项卡下的"文本"组中"日期和时间" 按钮，打开"日期和时间"对话框，如图3.5所示。

图3.4 "特殊字符"对话框　　　　　图3.5 "日期和时间"对话框

"日期和时间"对话框中各选项的功能如下。

· "可用格式"列表框：用来选择日期和时间的显示格式。

· "语言（国家/地区）"下拉列表框：用来选择显示日期和时间的语言，如中文或英文。

· "使用全角字符"复选框：选中该复选框则以全角方式显示日期和时间。

· "自动更新"复选框：选中该复选框后系统可对插入的日期和时间进行自动更新，即每次重新打开该文档，Word都会自动更新插入的日期和时间，以保证当前显示的日期和时间总是最新的。

· "设为默认值"按钮：单击该按钮后可将当前设置的日期和时间的格式保存为默认的格式。

例如，在文档中插入日期（2010年3月19日星期五），并设置为在打印时自动进行更新，其操作步骤如下：

1. 将插入点置于需要插入日期的位置。

2. 单击"插入"选项卡下"文本"组中"日期和时间" 🖳 按钮，打开"日期和时间"对话框。

3. 在对话框的"可用格式"列表框中选择当前日期和时间选项，例如"2010年3月19日星期五"，然后选中"自动更新"复选框。

> **提示**　因插入的日期是中文显示，所以在选择日期时注意在"语言（国家/地区）"下拉框中选择"中文"。

4. 单击"确定"按钮。

二、自动插入当前日期

Word 2010提供了在输入过程中自动插入当前日期的功能。当用户输入日期的前半部分后，Word会自动以系统默认的日期和时间的显示格式显示完整的日期，用户可按"Enter"键插入该日期或继续输入忽略该日期，如图3.6所示。

2010-3-19（按 Enter 插入）
2010

图3.6　自动插入当前日期图

只有输入的日期为当前日期才具有自动插入功能，自动插入的当前日期格式与设置的时间格式有关，且具有自动更新的功能。

3.2　选中文本

在编辑文档时，要替换整个段落或修改某一节文字的格式，首先需要选中它。Word 2010提供了强大的文本选择方法。用户可以选择一个或多个字符、一行或多行文字、一段或多段文字、一幅或多幅图片，甚至整篇文档等。选择文本的几种主要方法如下。

1. 任意区域

将光标移至要选择区域的开始位置，单击并拖动鼠标左键至区域结束位置，这是最常用的文本选中方法。

2. 一整行文字

将鼠标移到该行的最左边，当指针变为"⤡"后，单击鼠标左键。

3. 连续多行文本

将鼠标移到要选择的文本首行最左边，当指针变为"⤡"后，按下鼠标左键，然后向上或向下拖动。

4. 一个段落

·将鼠标移到本段任何一行的最左端，当指针变为"⌐"后，双击鼠标左键即可。

·将鼠标移到该段内的任意位置，连续单击三次鼠标左键。

5. 多个段落

将鼠标移到本段任何一行的最左端，当指针变为"⌐"后，双击鼠标左键，并向上或向下拖动鼠标。

6. 选中一个词组

将插入点置于词组中间或左侧，双击鼠标左键可快速选中该词组。

7. 选中一个矩形文本区域

将鼠标的插入点置于预选矩形文本的一角，然后按住Alt键，拖动鼠标左键到文本块的对角，即可选定该矩形文本。

8. 整篇文档

·使用"开始"选项卡"编辑"组中"选择"菜单命令下的"全选"命令。

·按"Ctrl+A"组合键。

·将鼠标移到文档任一行的左边，当指针变为"⌐"后，连续单击三下鼠标左键。

9. 配合"Shift"键选择文本区域

将鼠标的插入点置于要选定的文本之前，单击鼠标左键，确定要选择文本的初始位置，移动鼠标到要选定的文本区域末端后，按住"Shift"键的同时单击鼠标左键。

此方法适合所选文档区域较大时使用。

10. 选择格式相似的文本

首先选中某一格式的文本，如具有某一标题格式、某一文本格式等，单击鼠标右键，在弹出的菜单中单击"样式→选择格式相似的文本"命令，或是在"开始"选项卡下的"编辑"组中，单击"选择"命令菜单下的"选择格式相似的文本"命令，即可选中文档中所有具有同种格式的文本。

> **提示** "选择格式相似的文本"需要在"Word选项"对话框中设置后才可用。具体操作方法：在选项卡功能区单击鼠标右键，在弹出菜单中选择"自定义快速访问工具栏"。在弹出的"Word选项"对话框中选择"高级"，在"编辑选项"中选中"保持格式跟踪"。

11. 调节或取消选中的区域

按住"Shift"键并按"↑"、"↓"、"←"、"→"箭头键可以扩展或收缩选择区，或按住"Shift"键，用鼠标单击选择区预期的终点，则选择区将扩展或收缩到该点为止。

要取消选中的文本，可以用鼠标单击选择区域外的任何位置，或按任何一个可在文档中移动的键（如"↑"、"↓"、"←"、"→"、"PapeUp"和"PageDown"键等）。

3.3 复制和移动文本

在编辑文档时，用户经常需要将文档的一部分内容进行移动或复制到另一地方。Word 2010提供了多种文本移动和复制的方法。

一、利用拖动方法移动和复制文本

当用户在同一文档中进行短距离的移动和复制时，可简单地使用拖动方法。由于使用拖动方法移动和复制文本时不经过剪贴板，因此，该方法要较之通过剪贴板交换数据的方法来得简单一些。具体操作步骤如下：

1. 首先选中要移动或复制的文本。

2. 若是移动文本，则将鼠标指针移到被选中的文本上，按住鼠标左键拖动文本（如果把选中的内容拖到了窗口的顶部或底部，Word将自动向上或向下滚动文档），即可将文本移动到新的位置。此时分别以"┃"标识新插入符，以"🔖"标识移动动作。

3. 若是复制文本，则首先按住"Ctrl"键，然后按住鼠标左键拖动文本，即可将选中的文本复制到新的位置。此时分别以"┃"标识新插入符，以"🔖"标识复制动作。

4. 松开鼠标左键，在被复制或移动的文本旁会显示"粘贴"图标📋。若单击该图标，可在弹出的下拉菜单中选择复制或移动文本的格式。

二、利用剪贴板移动和复制文本

剪贴板是文档进行信息传输的中间媒介，是将信息传送到其他文档或其他程序的一个通道。使用剪贴板对文本进行复制或移动操作时，首先是将文本内容复制或剪切到剪贴板上，在需要时再将暂时存放在剪贴板上的信息"粘贴"到当前文档、其他Office文件或Windows环境下其他程序所建立的文档中的指定位置。

存放在剪贴板上的内容不会丢失，可以使用它们反复粘贴，不限次数。Word 2010提供了24个子剪贴板，使得用户可同时复制与粘贴多项内容。如果存放在剪贴板中的内容已达24项，要继续添加新内容时，它会将复制至剪贴板中的内容添至最后一项，并清除第一项，用户可以选择是否继续复制。

利用剪贴板进行复制与粘贴的具体操作步骤如下。

1. 选中要移动或复制的文本内容。

2. 若移动文本：

· 可单击"开始"选项卡下"剪贴板"组中的"剪切"按钮✂。

· 或按"Ctrl+X"快捷键。

· 或将鼠标指针移到被选中的文本上，单击鼠标右键，在弹出的快捷菜单中选择"剪切"选项。

3. 若复制文本：

· 可单击"开始"选项卡下"剪贴板"组中的"复制"按钮📋。

· 或按"Ctrl+C"快捷键。

· 或将鼠标指针移到被选中的文本上，单击鼠标右键，在弹出的快捷菜单中选择"复制"选项。

4. 如果还要继续向剪贴板中剪贴或复制其他内容，可重复步骤1～3。

5. 将插入点移至要插入文本的新位置，直接单击"剪贴板"任务窗格中需要复制的子剪贴板即可。也可以采用以下方法，将最后复制的内容复制到插入点所在的位置。

· 可单击"开始"选项卡下"剪贴板"中的"粘贴"按钮 📋。

· 按"Ctrl+V"快捷键。

· 单击鼠标右键，然后从弹出的快捷菜单中选择"粘贴"选项。

6. 如果希望进行多项粘贴，则必须打开"剪贴板"任务窗格。如果看不到Office剪贴板任务窗格，可选择"开始"选项卡下"剪贴板"组中的对话框启动器 🔲，打开"剪贴板"任务窗格，如图3.7所示。

7. 在"剪贴板"任务窗格中直接单击希望粘贴的子剪贴板，将其内容粘贴到指定位置。

8. 重复步骤7，粘贴其他所需内容。如果要将当前剪贴板中的全部内容粘贴到指定位置，可单击"剪贴板"任务窗格中的"全部粘贴"按钮。此外，要清空Office剪贴板上的全部内容，可单击"剪贴板"任务窗格中的"全部清空"按钮。

9. 对于有格式的文本，可启用选择性粘贴来决定粘贴时是否需要格式。单击"开始"选项卡下"剪贴板"组中的"粘贴"按钮下的▾，在弹出的菜单中选择"选择性粘贴"菜单命令，弹出的"选择性粘贴"对话框，如图3.8所示。在"形式"管理器下拉框中选择一种形式，单击"确定"按钮即可。

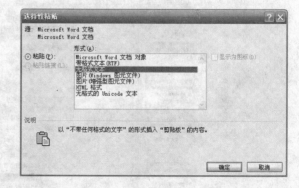

图3.7　"剪贴板"任务窗格　　　　　　　　　图3.8　"选择性粘贴"对话框

3.4　查找和替换文本

在校对文档时，有时会发现文档中有些错误内容的性质是相同的，且大多分散在文档的不同位置，因此人工查找、修改起来非常困难，可以说是一项既费时费力，又容易出错的工作。Word 2010中提供了文本的查找与替换功能，使用户可以轻松、快捷地完成文本的查找与替换工作。用户不仅可以查找文档中的普通文本，还可以对文档的格式进行查找和替换，使查找与替换的功能更加强大和有效。"查找"和"替换"命令可进行的主要工作包括：

　·利用查找功能，可快速定位文本、格式、特殊字符及其组合，找到要查找的内容。

　·在文档中的若干个位置查找出某个单词、短语、字符串或具有特定格式的文本（如本章开头给出的实例中的：字体为仿宋，字号为四号加粗的所有文字）等内容，并在需要时把它们快速地替换为另一个单词、短语或其他的内容。

　·查找或替换特定的格式或样式，如字体格式、段落格式、边框格式、语言格式、图文框格式或样式。例如可以搜索连续出现的两个空格，并用一个空格来替换它。

　·查找或替换特殊符号或特定内容，如制表符、连字符、段落标记、脚注引用标记、分节符、域和图形等。

　·查找或替换单词的各种形式（例如，以"图像"替换"图象"）。

Word 2010提供了以常规方式进行查找与替换操作和以高级方式进行查找与替换操作。用户可根据实际需要选择查找与替换的方式。

3.4.1　常规查找和替换

一、常规查找

有3种方法可以进行常规查找，操作步骤分别如下。

1. 单击"开始"选项卡下"编辑"组中的"查找"按钮，或直接按"Ctrl+F"快捷键，打开搜索文档的"导航"窗口，在搜索框中键入所要查找的内容。若找到相关内容则给出找到的匹配总数及每个匹配选项的预览，并在文档中用黄色显示。可以单击想要的匹配选项，文档会自动定位到查找目标处，并以绿色显示，如图3.9所示。

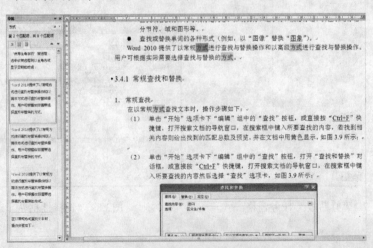

图3.9　"导航"窗口

2. 单击"导航"窗口中的放大镜按钮（查找命令）可搜索对象，如图形、表格、公式或审阅者。

3. 单击"开始"选项卡下"编辑"组中的"替换"按钮，或直接按"Ctrl+H"快捷键，打开"查找和替换"对话框，然后选择"查找"选项卡，如图3.10所示。

（1）在"查找内容"编辑框中输入要查找的内容，如"方式"。

（2）单击"查找下一处"按钮，即可将光标定位在文档中第一个查找目标处，单击若干次"查找下一处"按钮，可依次查找文档中对应的内容。

图3.10 "查找和替换"对话框中的"查找"选项卡

二、常规替换

在查找到文档中的特定内容后，用户还可以对其进行统一替换。例如可将文档中的"图象"统一替换为"图像"，具体操作步骤如下：

1. 将插入点置于文档的开始位置。

2. 单击"开始"选项卡"编辑"组中的"替换"按钮，或直接按"Ctrl+H"组合键，打开"查找和替换"对话框，选择"替换"选项卡，如图3.11所示。

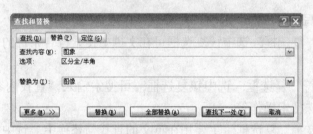

图3.11 "查找和替换"对话框中的"替换"选项卡

3. 在"查找内容"编辑框中输入要查找的内容"图象"。

4. 在"替换为"编辑框中输入要替换的内容"图像"。

5. 单击下面3个按钮之一：

· "替换"：从光标所在位置开始向后查找，停留在第一个"图象"文字位置上并进行替换。

· "全部替换"：系统将自动搜索文档中的所有"图象"，并将其替换为"图像"。

· "查找下一处"：继续向后查找"图象"文字。

3.4.2 高级查找和替换

如果用户希望在查找和替换时控制搜索的范围、区分大小写、使用通配符、设置格式、或希望使用某些特殊字符（如段落标记）等，则必须借助高级查找和替换功能。

在"查找和替换"对话框中，无论是在"查找"选项卡，还是"替换"选项卡页面中，单击"更多"按钮，可设置查找和替换的高级选项。它们的各种选项功能一致，下面以"查找"为例进行介绍。

在"查找和替换"对话框中选择"查找"选项卡，单击"更多"按钮，可展开高级对话框来设置文档的高级查找选项，如图3.12所示。

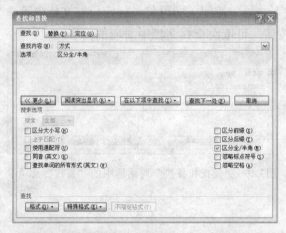

图3.12　展开高级对话框设置"查找和替换"

在展开的高级对话框中各高级选项的功能如下：

· "搜索"下拉列表框：设置文档的搜索范围。选择"全部"选项，将在整个文本中进行搜索；选择"向下"选项，从插入点处向下进行搜索；选择"向上"选项，从插入点处向上进行搜索。

· "区分大小写"复选框：选中该复选框可在搜索时区分大小写。

· "全字匹配"复选框：选中该复选框可在文档中搜索符合条件的完整单词，而不是搜索单词中的一部分。

· "使用通配符"复选框：选中该复选框，可搜索输入"查找内容"文本框中的通配符、特殊字符或特殊搜索操作符。

· "同音（英文）"复选框：主要用在英文的查找与替换中，选中该复选框后，会搜索所有与"查找内容"文本框中内容读音相同的单词。

· "查找单词的所有形式（英文）"：主要用于英文的查找与替换，选中该复选框后，会搜索"查找内容"文本框中内容的所有格式。

· "区分前缀"复选框：选中该复选框，可防止断意取词的情况。例如，当只想查找"什么"，选中该复选框后，文档中所有出现"为什么"的地方则不会被找出，使得查找更为精确。

· "区分后缀"复选框：此复选框的功能也是防止断意取词。例如，只想查找"替换"一词，选中该复选框后，则文档中所有"替换为"的地方不会被找出。当然"区分前缀"、"区分后缀"也可以用在英文文档的查找和替换中。

· "区分全/半角"复选框：选中该复选框可在查找时区分全角和半角。

· "忽略标点符号"复选框：选中该复选框在查找时忽略标点符号。一个词中间即使加入了标点符号，也会被找出。当然也可查找出标点前后的词属于两句话中的情况。

· "忽略空格"复选框：选中该复选框在查找时会忽略空格。

· "格式"按钮：单击该按钮可弹出下一级子菜单，在该子菜单中可设置替换文本的格式，例如字体、段落、制表位等。

· "特殊字符"按钮：单击该按钮可弹出下一级子菜单，在该子菜单中可选择要替换的特殊字符，例如段落标记，省略号等。

· "不限定格式"按钮：若设置了替换文本的格式后，单击该按钮可取消替换文本的格式设置。

3.5 撤销与恢复

在进行文档编辑时，很难避免出现输入错误，或对文档的某一部分内容不太满意，或在排版过程中出现误操作，因此，撤销和恢复以前的操作就非常有必要了。Word 2010提供了撤销和恢复操作来修改这些错误和避免误操作。"百级复原"功能倍受用户青睐，它能使Word文档"起死回生"，大大方便了用户，使用户在排版文档时不必害怕犯错误。因为即使误操作了，也只需单击"撤销"按钮，就能恢复到误操作前的状态，从而大大提高了工作效率。

一、撤销操作

Word会随时观察用户的工作，并能记住操作细节，当出现了误操作时可以执行撤销操作。撤销操作可有以下几种实现方式：

1. 单击快速访问工具栏上的"撤销"按钮 ⤺ 右侧的下拉箭头，打开如图3.13所示的撤销操作列表，里面保存了可以撤销的操作。无论单击列表中的哪一项，该项操作以及其前的所有操作都将被撤销，例如将光标移到"键入'个'"选项上，Word 2010会自动选定这些操作，单击即可撤销这些操作，从而恢复到原来的样子。可见该方法可一次撤销多步操作。

2. 如果只撤销最后一步的操作，可直接单击快速访问工具栏上的撤销按钮 ⤺，或使用快捷键"Ctrl+Z"。

图3.13 撤销操作列表

> 提示 如果在快速访问工具栏中没有"撤销"按钮 ⤺，可单击快速访问工具栏的右侧"自定义快速访问工具栏"按钮 ▾，选中相应操作即可。其他操作亦同。

二、恢复操作

执行完撤销操作后，"撤销"按钮右边的"恢复"按钮 ↻ 将变为可用，表明已经进行过撤销操作。此时如果用户又想恢复撤销操作之前的内容，则可执行恢复操作。恢复操作同撤销操作一样，也有两种实现方式：

1. 单击快速访问工具栏上的"恢复"按钮 ↻，恢复到所需的操作状态。该方法可恢复一步或多步操作。

2. 使用快捷键"Ctrl+Y"。

提示　如果在撤销步骤中，最后一步撤销的是"清除"操作，恢复到此"清除"操作
　　　后，"恢复"按钮变成"重复清除"按钮 ↻，单击此按钮可进行"清除"操作。
　　　如果最后一步撤销的是"输入"操作，恢复到此操作后，"恢复"按钮变成"无
　　　法重复"按钮 ↻（暗色）。在正常输入状态，此按钮变为"重复键入"按钮 ↻，
　　　单击该按钮可重复最后一步的输入操作。

3.6　Word自动更正功能

在文本的输入过程中，难免会出现一些拼写错误，如将"书生意气"写成了"书生义
气"，将"the"写成了"teh"等。Word提供了许多奇妙的"自动"功能，它们能自动地对
输入的错误进行更正，帮助用户更好、更快地创建正确文档。

3.6.1　自动更正

"自动更正"功能关注常见的输入错误，并在出错时自动更正它们，有时在用户意识到
这些错误之前它就已经进行自动更正了。

一、设置自动更正选项

要设置自动更正选项，需在选项卡一栏，单击鼠标右键，选择"自定义快速访问工具
栏"菜单命令，或单击"文件"选项卡，在打开的文件管理中心中单击右下角的"选项"
 选项 按钮，打开"Word选项"对话框，单击"校对"选项，在菜单栏的右侧选择"自动更
正选项"按钮，在弹出的"自动更正"对话框中，选择"自动更正"选项卡，如图3.14所示。

"自动更正"选项卡中给出了自动更正错误的多个选项，用户可以根据需要选择相应的
选项。在"自动更正"选项卡中，各选项的功能如下：

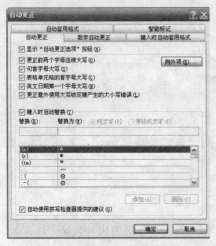

图3.14　"自动更正"对话框中"自
动更正"选项卡

· "显示'自动更正选项'按钮"复选
框：选中该复选框后可显示"自动更正选项"
按钮。

· "更正前两个字母连续大写"复选
框：选中该复选框后可将前两个字母连续大写
的单词更正为首字母大写。

· "句首字母大写"复选框：选中该复
选框后可将句首字母没有大写的单词更正为句
首字母大写。

· "表格单元格的首字母大写"复选
框：选中该复选框后可将表格单元格中的单词
设置为首字母大写。

· "英文日期第一个字母大写"复选框：选中该复选框后可将输入英文日期单词的第一
个字母设置为大写。

· "更正意外使用大写锁定键产生的大小写错误"复选框：选中该复选框后可对由于误
按大写锁定键（Caps Lock键）产生的大小写错误进行更正。

· "键入时自动替换"复选框：选中该复选框后可打开自动更正和替换功能，即更正常见的拼写错误，并在文档中显示"自动更正" ⊨图标，当鼠标定位到该图标后，显示 ⊟图标。

· "自动使用拼写检查器提供的建议"复选框：选中该复选框后可在输入时自动用功能词典中的单词替换拼写有误的单词。

有时"自动更正"也很让人讨厌。例如，一些著名的诗人从不用大写字母来开始一个句子。要让Word忽略某些看起来是错误的但实际无误的特殊用法，可以单击"例外项"按钮。如可以设置在有句点的缩写词后首字母不要大写。

二、添加自动更正词条

Word 2010提供了一些自动更正词条，通过滚动"自动更正"选项卡下面的列表框可以仔细查看"自动更正"的词条。用户也可以根据需要逐渐添加新的自动更正词条。方法是在图3.14所示的"自动更正"对话框中"自动更正"选项卡的"替换"文本框中输入要更正的单词或文字，在"替换为"文本框中输入更正后的单词或文字，然后单击"添加"按钮即可，此时添加的新词条将自动在下方的列表框中进行排序。如果想删除"自动更正"列表框中已有的词条，可在选中该词条后单击"删除"按钮。

例如，希望将"图像"词条添加到Word中，当用户输入"图象"时，自动更新为"图像"，其操作步骤为：

1. 在选项卡一栏，右击，选择"自定义快速访问工具栏"菜单命令，打开"Word选项"对话框，单击"校对"选项，选择"自动更正选项"按钮，在弹出的"自动更正"对话框中，选择"自动更正"选项卡。

2. 选中"键入时自动替换"复选框，并在"替换"文本框中输入"图象"，在"替换为"文本框中输入"图像"。

3. 单击"添加"按钮，即可将其添加到自动更正词条并显示在列表框中，如图3.15所示。

4. 单击"确定"按钮，关闭"自动更正"对话框。

在其后输入文本时，当输入"图象"后，立即可看到输入的"图象"被替换为"图像"。

自动更正的一个非常有用的功能是可以实现快速输入。因为在"自动更正"对话框中，除了可以创建较短的更正词条外，还可以将在文档中经常使用的一大段文本（纯文本或带格式文本）作为新建词条，添加到列表框中，甚至一幅精美的图片也可作为自动更正词条保存起来，然后为它们赋予相应的词条名。这样，在输入文档时只要输入相应的词条名，再按一次空格键就可转换为该文本或图片。例如在"替换"文本框中输入"besti"，在"替换为"文本框中输入"北

图3.15 添加自动更正词条

京电子科技学院"，以后在输入文本时输入"besti"后，再输入空格符，"besti"将被"北京电子科技学院"词条替换。

当使用某一词条实现快速输入具有某一格式的文本或图片时，先选中带有格式的文本或图片，然后打开"自动更正"对话框中的"自动更正"选项卡，此时可看到在"替换为"文本框中已经显示出复制的带格式的文本（此时需选择"带格式文本"单选按钮）或图片（由于文本框大小的限制，图片看不到），在"替换"文本框中输入词条后，单击"添加"按钮加入列表框中，单击"确定"关闭对话框。以后输入此词条后，再输入空格符，此词条将会被带格式文本或图片所取代。

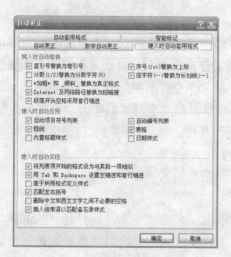

图3.16　"自动更正"对话框中的"键入
时自动套用格式"选项卡

3.6.2　键入时自动套用格式

Word 2010不仅能自动更正，还可以自动套用格式。用户可以对文字快速应用标题、项目符号和编号列表、边框、表格、符号以及分数等格式。

用户要设置"键入时自动套用格式"功能，可在选项卡一栏，单击鼠标右键，选择"自定义快速访问工具栏"菜单命令，打开"Word选项"对话框，单击"校对"选项，选择"自动更正选项"按钮，在弹出的"自动更正"对话框中，选择"键入时自动套用格式"选项卡，如图3.16所示。

此选项卡有三部分："键入时自动替换"、"键入时自动应用"、"键入时自动实现"。每一部分又有若干复选框选项，用户可根据需要进行相应选择。

3.6.3　自动图文集

自动图文集用于存储用户经常要重复使用的文字或图形，它可为选中的文本、图形或其他对象创建的相应词条。当用户需输入自动图文集中的词条时，直接插入即可，它极大地提高了工作效率。自动图文集与自动更正的区别在于，前者的插入需要使用"自动图文集"菜单命令来实现，而后者是在输入时由Word自动插入词条。

自动图文集是构建基块的一种类型，每个所选的文本或图形都存储为"构建基块管理"中的一个"自动图文集"词条，并给词条分配唯一的名称，以便在要使用它时方便查找。

一、创建"自动图文集"词条

1. 选择要存储为可重复使用的文本或图形。如果要将段落格式（包括缩进、对齐、行距和分页）与输入的内容一起存储，需要在所选内容中包含段落标记。

2. 在"插入"选项卡上的"文本"组中，单击"文档部件"按钮，在弹出的下拉菜单中选择"将所选内容保存到文档部件库"命令或者按"Alt+F3"快捷键，弹出"新建构建基块"对话框，如图3.17所示。"新建构建基块"对话框中的信息如下：

· "名称"文本框：输入构建基块的唯一名称。

· "库"文本框：选择存储构建基块的库。

· "类别"文本框：选择一个类别，如"常规"或者"创建新类别"。

· "说明"文本框：键入对构建基块的说明，方便以后的查找。

· "保存位置"文本框：从下拉列表中选择模板的名称。

· "选项"下拉框：该下拉框中共有三个选项。选择"将内容插入其所在的页面"项，确保将构建基块放置在单独的页面中；如果用户需要将构建基块放置在光标所在的段落中间，且作为独立的一个段落，选择"插入自身的段落中的内容"项；若仅是将构建基块放置在光标所在位置上，选择"仅插入内容"项。

3. 单击"确定"按钮，可将其添加到文档部件库中。

4. 添加到文档部件库中后，如果需要更改信息，可在"插入"选项卡上的"文本"组中，单击"文档部件"按钮，然后单击"构建基块管理器"。打开"构建基块管理器"对话框，如图3.18所示。按名称找到加入的基块，单击"编辑属性"按钮，对其重新编辑即可。

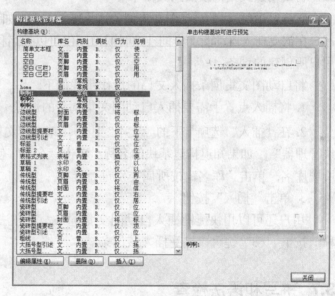

图3.17　"新建构建基块"对话框　　　　　　图3.18　"构建基块管理器"对话框

5. 若要删除某个自动图文集词条，则在"构建基块管理器"对话框中"构建基块"词条列表中选中该词条，单击"删除"按钮即可。

> **提示**　要查看段落标记，请在"开始"选项卡上的"段落"组中，单击"显示/隐藏"
> 按钮。

二、更改自动图文集词条的内容

更改自动图文集词条的内容，可以通过替换构建基块来进行。首先插入构建基块进行更改，然后以同样的名称保存构建基块。

1. 单击要插入构建基块的位置。

2. 在"插入"选项卡上的"文本"组中，单击"文档部件"按钮，然后单击"构建基块管理器"。如果知道构建基块的名称，可以单击"名称"使之根据字母顺序排序，以方便找到基块。

　　3. 单击"插入"按钮。

　　4. 对该构建基块进行所需的更改。

　　5. 选择修订后的文本。要将段落格式（包括缩进、对齐、行距和分页）与输入的内容一起存储，需要在所选内容中包含段落标记。

　　6. 在"插入"选项卡上的"文本"组中，单击"文档部件"按钮▣，然后单击"将所选内容保存到文档部件库"。

　　7. 在"新建构建基块"对话框中，键入构建基块条目的原始名称、类别和库，然后单击"确定"按钮。若要替换库中的原始条目，名称、类别和库必须与原始条目一致。

　　提示　可以将一个构建基块添加到任意数量的库中。

三、将自动图文集词条插入文档中

　　Word 2010提供的自动图文集词条被分成若干类，如"表格"、"封面"或"公式"等，用户在需要插入自动图文集词条的时候，不仅可以按名称进行查找，也可以按这些类别查找用户所创建的词条。

　　将自动图文集词条插入文档的操作步骤如下：

　　1. 将插入点置于需要插入自动图文集词条的位置。

　　2. 在"插入"选项卡下的"文本"组中，单击"文档部件"按钮▣，然后单击"构建基块管理器"。如果知道构建基块的名称，单击"名称"使之按字母排序。如果知道构建基块所属库名，单击"库名"按所属类别进行查找。

　　3. 单击"插入"按钮。

　　用户还可以用快捷键插入自动图文集词条，其方法是在文档中输入自动图文集词条名称，按下"F3"键可以接受插入该词条。

3.7　拼写和语法检查

　　Word 2010提供的"拼写和语法"功能，可以将文档中的拼写和语法错误检查出来，以避免可能因为拼写和语法错误而造成的麻烦，从而大大提高工作效率。默认情况下，Word 2010在用户输入词语的同时自动进行拼写检查。用红色波浪下画线表示可能出现的拼写问题，用绿色波浪下画线表示可能出现的语法问题，以提醒用户注意。此时用户可以立刻检查拼写和语法错误。

3.7.1　更正拼写和语法错误

　　对于文档中的拼写和语法错误，用户可以随时进行检查并更改。在更改拼写和语法错误时，可将鼠标置于波浪线上右击，此时若是出现拼写错误，将弹出如图3.19所示的快捷菜单，若是语法错误将弹出如图3.20所示的快捷菜单。

　　在拼写错误快捷菜单中，会显示有多个相近的正确拼写建议，在其中选择一个正确的拼写方式即可替换原有的错误拼写。

图3.19 拼写错误快捷菜单　　　　　　　图3.20 语法错误快捷菜单

在拼写错误快捷菜单中，各选项的功能如下。

· "忽略"命令：忽略当前的拼写，当前的拼写错误不再显示错误波浪线。

· "全部忽略"命令：用来忽略所有相同的拼写，不再显示拼写错误波浪线。

· "添加到词典"命令：用来将该单词添加到词典中，当用户再次输入该单词时，Word就会认为该单词是正确的。

· "自动更正"命令：用来在其下一级子菜单中设置要自动更正的单词。若选择"自动更正"命令，可打开"自动更正"对话框的"自动更正"选项卡，进行自动更正设置。

· "语言"命令：用来在其下一级子菜单中选择一种语言。

· "拼写检查"命令：用来打开"拼写"对话框进行拼写检查设置。

· "查找"命令：用来打开"信息检索"任务窗格进行相关信息的检索。

在语法错误快捷菜单中，若Word对可能的语法错误有语法建议，将显示在语法错误快捷菜单的最上方；若没有语法建议，则会显示"输入错误或特殊用法"信息。在该快捷菜单中，部分选项的功能如下：

· "忽略一次"命令：用来忽略当前的语法错误，但若在其他位置仍然有该语法错误，则仍然会以绿色波浪线标出。

· "语法"命令：用来打开"语法"对话框进行语法检查设置。

· "关于此句型"命令：如果"Office助手"是打开状态，则用来显示有关该错误语法的详细信息。

3.7.2 启用/关闭输入时自动检查拼写和语法错误功能

在输入文本时自动进行拼写和语法检查是Word默认的操作，但如果文档中包含有较多特殊拼写或特殊语法，则启用键入时自动检查拼写和语法错误功能，就会对用户编辑文档带来一些不便。因此在编辑一些专业性较强的文档时，可先将键入时自动检查拼写和语法错误功能关闭。

若要关闭键入时自动检查拼写和语法错误功能，在选项卡一栏，单击鼠标右键，选择"自定义快速访问工具栏"菜单命令，打开"Word选项"对话框，单击"校对"选项。在"在Word中更正拼写和语法时"选项组中取消对"键入时检查拼写"复选框及"随拼写检查语法"复选框的选中，如图3.21所示。

图3.21   "Word选项"对话框中的"在Word中更正拼写和语法时"选项组

3.7.3 对整篇文档进行拼写和语法检查

除了可以在键入时对文本进行拼写和语法检查，还可以对已完成的文档进行拼写和语法检查。

结合图3.1所示文档进行整篇文档拼写和语法检查，具体做法是，单击"审阅"选项卡下"校对"组中的"拼写和语法"按钮，若是拼写错误，则打开如图3.22所示的"拼写和语法"对话框；若是语法错误，则打开如图3.23所示的"拼写和语法"对话框。通过相应对话框对文档中可能存在的拼写和语法错误进行逐一检查。

图3.22   "拼写和语法"对话框（拼写错误）

图3.23   "拼写和语法"对话框（语法错误）

由拼写错误引起的"拼写和语法"对话框（图3.22所示）中的各选项功能如下：

· "忽略一次"按钮：用来忽略当前的错误并继续进行检查。

· "全部忽略"按钮：用来忽略所有相同的错误。

· "添加到词典"按钮：将该单词添加到词典中，当用户再次输入该单词时，Word就会认为该单词是正确的。

· "更改"按钮：用"建议"列表框中选定的一个单词替换原有文档中的单词。

· "全部更改"按钮：用"建议"列表框中选定的一个单词替换原有文档中的全部单词。

· "自动更正"按钮：将错误的单词和在"建议"列表框中选择的一个正确的单词，添加到自动更正词条中。

· "选项"按钮：单击后可打开如图3.21所示的"Word选项"对话框中的"校对"功能页，设置拼写和语法检查选项。

· "撤销"按钮：单击后可撤销最近所做的拼写和语法检查操作。

· "检查语法"复选框：选中该复选框后可使Word对活动文档的语法进行检查。

· "词典语言"下拉列表框：用来选择在检查文档拼写时使用的词典。

由语法错误引起的"拼写和语法"对话框（图3.23所示）中的各选项功能如下（许多选项与图3.22中的一样，不再进行介绍）。

· "下一句"按钮：在弹出的对话框中手工编辑当前句，然后单击"下一句"按钮，接受手动更改，并继续检查拼写和语法。

· "解释"按钮：用来打开"Word帮助"。

· "词典"按钮：用来打开"更新微软拼音输入法词典"对话框，创建、编辑、添加或删除自定义词典。

当检查完全部文档后，会打开一个对话框，显示拼写和语法检查已经完成，单击"确定"按钮即可。

此时，图3.1所示文档示例经过上述修改后，将不存在任何拼写和语法错误及输入失误，已是一篇内容准确的文档了。

【动手实验】录入一首宋词，如图3.24所示。

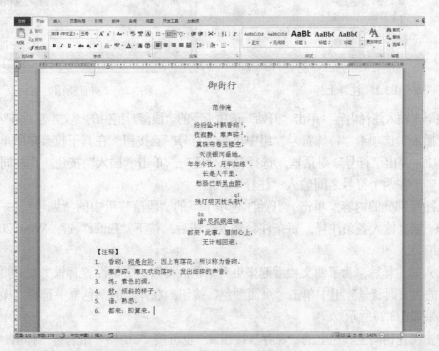

图3.24　宋词《御街行》

分析 这是一首普通的宋词，在词中加入了一些注释。注释采用上标的形式标记，词中有两个较生僻的字，在字的上面给出了拼音。文档中还插入了特殊符号"【】"。

1. 启动Word 2010程序，打开一个以空白模板为基础的空白文档。

2. 在建立的新文档中，单击"开始"选项卡"段落"组中的"居中" ≡按钮，输入"御街行"。

3. 选中"御街行"，在字体下拉框中选择"楷体_GB2312"，字号选择"三号"。

4. 输入作者名及词的全部内容，在字体下拉框中选择"宋体"，字号选择"五号"，并在需要注释的字词后面输入注释的序号，例如第一行"纷纷坠叶飘香砌[1]"。

5. 选中注释序号，在"开始"选项卡"字体"组中单击"上标"按钮 ×，此时的效果如图3.25所示。

6. 选中需要加拼音的字词，在"开始"选项卡"字体"组中单击"拼音指南" 按钮，弹出"拼音指南"对话框，如图3.26所示。对拼音的"对齐方式"、"偏移量"、"字体"、"字号"进行设置。

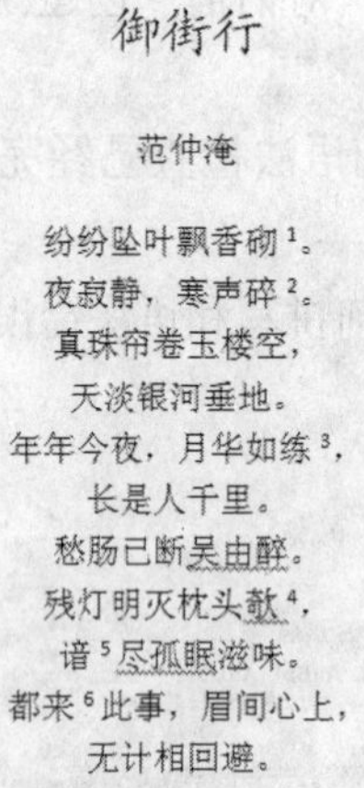

御街行

范仲淹

纷纷坠叶飘香砌[1]。
夜寂静，寒声碎[2]。
真珠帘卷玉楼空，
天淡银河垂地。
年年今夜，月华如练[3]，
长是人千里。
愁肠已断无由醉。
残灯明灭枕头欹[4]，
谙[5]尽孤眠滋味。
都来[6]此事，眉间心上，
无计相回避。

图3.25 注释上标

图3.26 "拼音指南"对话框

7. 接下来输入注释内容。单击"开始"选项卡下的"段落"组中的"文本左对齐" ≡按钮。

在"插入"选项卡"特殊符号"组中单击"符号" Ω按钮，在其下拉菜单中单击"其他符号"选项，弹出"符号"对话框，选择符号"【"，单击"插入"按钮。用相同方法插入符号"】"，在两个符号之间输入"注释"。

输入注释部分的内容。单击"开始"选项卡下的"段落"组中的"编号" 按钮，为注释编号。依次输入各条注释，每条注释输入完毕后，按下"Enter"键，Word 2010自动为每条注释编号。

8. 输入完注释后，为了使文档看起来更有情调，可以为文档设置背景。在"页面布局"选项卡下的"页面背景"组中单击"页面颜色"按钮，在弹出的颜色框中选择"橄榄色"。最终的效果如图3.27所示。

9. 单击快速访问工具栏上的"保存"按钮 ，也可按"Ctrl+S"组合键，弹出"另存为"对话框。选择好文档存放的路径，在"文件名"的文本框中输入"宋词-御街行"，单击"保存"按钮。

图3.27 宋词《御街行》最终效果图

第4章 文档的格式化

Word 2010的一个重要功能就是制作精美、专业的文档，它不仅提供了多种灵活的格式化文档的操作，而且还提供了多种修改、编辑文档格式的方法，从而可帮助用户将文档制作得更加美观。

本章将以图4.1所示的文本为例，介绍Word 2010修改、格式化文本的各种方法。

本章重点：
操作系统的定义
操作系统的发展历史
操作系统的分类
操作系统的特征
一、操作系统的定义
1. 复习计算机系统的组成，引导出计算机系统的层次结构，从而指出操作系统在计算机系统中的地位和目标。
地位：紧贴系统硬件之上，所有其他软件之下（是其他软件的共同环境）
目标：
有效性：管理和分配硬件、软件资源，合理地组织计算机的工作流程。
方便性：提供良好的、一致的用户接口，弥补硬件系统的类型和数量差别。
可扩充性：引入操作系统给计算机系统的功能扩展提供支撑平台，使之在追加新功能和新服务时更加容易且不影响原有的功能和服务。这样硬件的类型和规模、操作系统本身的功能和管理策略、多个系统之间的资源共享和相互操作。
2. 通过计算机系统的层次结构引入研究操作系统的三个方面：
系统资源的管理者的角度；
用户使用者的角度；
OS 是扩展机(extended machine)/虚拟机(virtual machine)；
操作系统的定义：
　　操作系统是计算机系统中的一个系统软件，是一些程序模块的集合——它们能以尽量有效合理方式组织和管理计算机的软硬件资源，合理的组织计算机的工作流程，控制程序的执行并向用户提供各种服务功能，使得用户能够灵活，方便，有效的使用计算机，使整个计算机系统能高效的运行。
二、操作系统的发展历史
强调推动操作系统发展的主要动力："需求推动发展"
(1) 提高资源的利用率和系统性能：计算机发展的初期，计算机系统昂贵，用作集中计算。
(2) 方便用户：用户上机、调试程序，分散计算时的事务处理和非专业用户

图4.1　Word文档示例

4.1 设置字符格式

格式化字符在文字处理过程中经常使用，其目的是通过建立全面可视的样式，增加易读性，使文档更加美观、条理更加清晰，例如以不同字体、字号区分各级标题，为强调的文字进行加粗或添加下画线等。

用户可以通过"开始"选项卡中"字体"组或通过"字体"对话框中的"字体"选项卡进行字符格式的设置。

单击"开始"选项卡中"字体"功能组对话框启动器，或直接按"Ctrl+D"快捷键，即可打开"字体"对话框。

4.1.1 利用"字体"功能组设置字符格式

"字体"功能组位于"开始"选项卡下，用户通过该功能组可以快速地对文本的字体、字号、颜色等进行操作。"字体"功能组如图4.2所示。

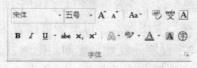

图4.2 "字体"功能组

提示 将鼠标指针移至"字体"功能组不同的按钮选项上停顿一会儿，就会显示出该选项的名称。

"字体"功能组上的字符格式选项含义如下：

· 字体宋体：从"字体"下拉列表中可选择所需的字体。

提示 在功能选项卡区单击鼠标右键，在弹出菜单中选择"自定义快速访问工具栏"项，在弹出的"Word选项"对话框中选择"常规"项，在"用户界面选项"组下，选中"启用实时预览"复选框。选中此复选框后，再进行字体设置，可以看到所选文字随下拉列表中所选的字体而实时变化。

· 字号五号：从"字号"下拉列表中选择需要的字号。

· 加粗**B**：单击此按钮可为所选文字设置或取消设置粗体。

· 倾斜*I*：单击此按钮可为所选文字设置或取消设置向右倾斜。

· 下画线**U**：为所选文字设置下画线。单击此按钮右侧的下箭头按钮打开下画线类型下拉列表，从中选择所需的下画线。此外，用户还可以利用该选项的下拉列表设置下画线的颜色。

· 删除线**abc**：单击此按钮可为所选文字设置或取消删除线。

· 下标**x₂**或上标**x²**：单击此按钮可将所选文字设置为下标或上标显示。

· 更改大小写**Aa**：单击此按钮，在弹出菜命令中可选择用于英文及标点符号设置的命令。

· 增大字体**A**或缩小字体**A**：单击此按钮可增大或缩小所选文字的字号大小。

· 清除格式：单击此按钮可清除所选字体的所有格式。

· 拼音指南：单击此按钮弹出"拼音指南"对话框，在此对话框中可设置显示所选文字的读音。设置完毕后，单击"确定"按钮，会在所选文字的上方显示其汉语拼音。

· 字符边框**A**：单击此按钮会在所选文字周围显示边框。

· 以不同颜色突出显示文本：为所选文字设置突出显示，使文字看上去像是用荧光笔做了标记一样。单击此按钮右边的下箭头可打开一个用于突出显示的颜色菜单，从中选择一种颜色。

如果在选择文字前单击"以不同颜色突出显示文本"按钮，即可得到一个特殊指针，可在希望应用突出显示的文字上单击并拖动。若需要关闭突出显示，再单击"突出显示"按钮即可。

· 字体颜色**A**：为所选文字设置字体颜色。单击此按钮右边的下箭头可以看见一个包含所有颜色的菜单，从中选择一种字体颜色即可。

· 字符底纹**A**：单击此按钮为所选文字设置或取消底纹。

· 带圈字符⊕: 为所选的单个汉字设置带圈符号, 用于加以强调。文字外面的圈可以设置为圆形、正方形、三角形、菱形等图形。字母最多可设置为两个。

· 文本效果A·: 为所选文字设置外观效果 (如阴影、发光和映像)。单击此按钮右边的下箭头打开一个用于设置文本效果的效果菜单, 可从中选择一种所需的效果。

如果用户在未设置各种格式的情况下输入文本, 则Word 2010会按照默认格式设置。若要以自定义的格式输入文本, 则可以先进行格式的设置后, 再输入文本。

例如将图4.1所示文档中的 "操作系统的定义"、"操作系统的发展历史"、"操作系统的分类"、"操作系统的特征" 设置成字体是 "仿宋" 体, 字号为 "小四" 的格式; 将 "一、操作系统的定义"、"二、操作系统的发展历史"、"三、操作系统的分类" 以及 "四、操作系统的特征" 设置成字体是 "楷体", 字号为 "五" 并加粗的格式; 将 "系统资源的管理者的角度" 前加①序号, 操作如下:

1. 拖动鼠标选中 "操作系统的定义"。

2. 单击 "开始" 选项卡中 "字体" 功能组上的 "字体" 按钮右侧的向下箭头, 打开 "字体" 下拉列表框, 从中选择 "仿宋"。

3. 单击 "字号" 按钮右侧的向下箭头, 打开 "字号" 下拉列表框, 从中选择 "小四"。

4. 由于 "操作系统的发展历史"、"操作系统的分类"、"操作系统的特征" 设置的格式与 "操作系统定义" 的格式一样, 所以可利用 "剪贴板" 功能组上的 "格式刷" 按钮✔进行快速格式化。具体做法是, 先选中已设置好格式的 "操作系统的定义" 或其中的一部分, 然后单击✔, 此时鼠标指针变为 "▲I", 再拖动鼠标选中欲设置相同格式的文字: "操作系统的发展历史"、"操作系统的分类"、"操作系统的特征" 即可。

5. 对 "一、操作系统的定义" 格式的设置类似于 "操作系统的定义"、"操作系统的发展历史"、"操作系统的分类"、"操作系统的特征" 的设置, 但需设置加粗操作, 即单击 "开始" 选项卡中 "字体" 功能组上的 "加粗" 按钮B。

6. 选中已设置好的 "一、操作系统的定义", 单击✔, 拖动鼠标分别选中 "二、操作系统的发展历史"、"三、操作系统的分类" 和 "四、操作系统的特征" 文字即可为它们设置加粗显示。

7. 将光标置于 "系统资源的管理者的角度" 前, 单击 "带圈字符" 按钮⊕, 在弹出的 "带圈字符" 对话框的 "文字" 文本框中输入 "1", 在 "圈号" 列表框中选择 "○"。单击 "确定" 即可。

Word 2010提供了快速格式化字符的方式, 具体做法如下:

图4.3 "快速格式化" 工具栏

首先选中需要格式化的文本, 如 "选项", 此时在被选文本的右上方会显示出虚的快速格式化工具栏, 然后将鼠标滑向虚的快速格式化工具栏, 它便清晰可见, 如图4.3所示, 用户可根据需要选择相应的按钮即可。

4.1.2 利用 "字体" 对话框设置字符格式

在 "字体" 功能组中只是列出了常用的格式工具选项, 还有一些格式选项要通过 "字体" 对话框来设置。

单击"字体"功能组对话框中的启动器，或单击鼠标右键从打开的快捷菜单中选择"字体"命令，也可以使用"Ctrl+D"快捷键，都可以打开如图4.4所示的"字体"对话框。在"字体"对话框中有2个选项卡，分别为"字体（N）"和"高级（V）"，每个选项卡控制字符格式的不同方面。

在"字体"选项卡中，可以看到除"字体"组中的大多数字符格式选项外，还有其他一些格式选项，如文字显示类型为"空心"等。

"字体"选项卡中还有一个"效果"格式选项，其中包括"删除线"、"双删除线"、"上标"、"下标"、"小型大写字母"、"全部大写字母"及"隐藏文字"选项。在"字体"对话框底部的"预览"区可以看见应用它们之后的效果。

利用"字体"对话框可以对文本一次进行多个Word字符格式选项设置的操作。

例如将图4.1所示文档中的"有效合理"及"方便"设置成字体是"楷体"，字号为"小四"、加粗并倾斜，再添加颜色为红色的下画线的格式。

4.1.3 设置字符间距

在通常情况下文本是以标准间距显示的，这样的字符间距可适用于绝大多数文本，但有时为了创建一些特殊的文本效果，需要将文本的字符间距扩大或缩小。

在"字体"对话框中选择"高级"选项卡，如图4.5所示。其中"字符间距"组主要控制文字的显示位置、间距等内容，并在对话框底部的"预览"区显示出文字的外观效果。

图4.4 "字体"对话框

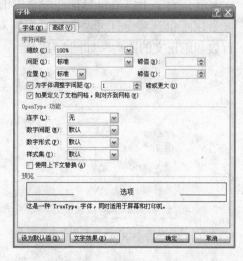

图4.5 "字体"对话框中的"高级"选项卡

·在"缩放"下拉列表框中选择百分比数值，可以改变字符在水平方向上的缩放比例。

·间距：调整文字之间空隙的大小。可以选择文字间距为"标准"、"加宽"或"紧缩"；然后可以在此基础上指定需要增加或缩减的文字之间的间距。

·位置：调整所选文字相对于标准文字基线的位置。可以选择文字位置为"标准"、"提升"或"降低"，然后可以指定需要文字在基线上提升或降低多少磅值。这和上标、下标不同，上标、下标把提升或降低的文字变得比标准文字小，而位置并不改变文字的大小。

·为字体调整字间距：如果选中了"为字体调整字间距"复选框，在应用缩放字体时，只要它们大于等于指定的大小，Word将自动调整字间距。

例如将图4.1所示文档中的标题"本章重点"设置成字间距为"加宽"，并指定加宽磅值数为"2"。

4.1.4　设置首字下沉

在阅读报刊杂志时，常会看到很多文章开头的第一个字符比文档中的其他字符要大，或者字体不同，显得非常醒目，很好地改善了文档的外观，更能引起读者的注意，这就是首字下沉的效果。

首字下沉是一般报刊和杂志中较为常用的一种文本修饰手段。

Word 2010提供了两种不同的方式来设置首字下沉。一个是普通的下沉，另外一个是悬挂下沉。两种方式区别在于：普通"下沉"方式设置的下沉字符紧靠其他字符，而"悬挂"方式设置的字符可以随意地移动其位置。

设置首字下沉的操作步骤如下：

1. 选中要下沉的字符。

2. 单击"插入"选项卡下"文本"组中"首字下沉"▲▇按钮，弹出下拉菜单，如图4.6所示。菜单中的各选项作用如下：

· 无：取消段落的首字下沉。

· 下沉：首字下沉后将和段落中的其他文字在一起，系统默认的下沉行数为3行。

· 悬挂：首字下沉后将悬挂在段落中的其他文字的左侧。

· 首字下沉选项：打开"首字下沉"对话框，可以对首字下沉进行详细设置，包括字体、行数和距正文的距离，如图4.7所示。

图4.6　"首字下沉"下拉菜单　　　　　　图4.7　"首字下沉"对话框

3. 在对话框的"位置"选项组中，选择"下沉"方式。

4. 在"选项"组的"字体"下拉列表框中，选择下沉字符的字体。

5. 在"下沉行数"文本框中，设置首字下沉时所占用的行数。

6. 在"距正文"文本框中，设置首字与正文之间的距离。

7. 单击"确定"按钮完成设置。

一般使用"下沉"方式比较多，且下沉的行数不要太多，大概2行～5行即可，否则文字太突出，反而影响文档的美观。

例如将图4.1所示文档中的"操作系统"自然段的首字下沉2行。完成上述设置后的效果如图4.8所示。

提示 在添加或删除首字下沉时，选中的段落格式会发生变化。可以在应用首字下沉之后设置段落格式。

4.1.5 更改文字方向

用户在编辑文档时，可随意更改文档中文字的方向，将文字由横排改为竖排，并且可以设置竖排的方式。

改变文字方向的操作步骤如下：

1. 单击"页面布局"选项卡的"页面设置"组中的"文字方向" ⦀ 按钮，在弹出的菜单中选择"水平"或是"垂直"。此时整个文档变为横排或是竖排。

2. 在"文字方向"菜单下选择"文字方向选项"菜单命令，显示"文字方向"对话框，如图4.9所示。在"方向"组中选择所需的文字方向，在"预览"组中可看到文字方向的效果，在"应用于"下拉框中选择是应用于"整篇文档"还是"所选文字"。单击"确定"按钮可看到文档的效果。

本章重点：
操作系统的定义
操作系统的发展历史
操作系统的分类
操作系统的特征
一、操作系统的定义
1. 复习计算机系统的组成，引导出计算机系统的层次结构，从而指出操作系统在计算机系统中的地位和目标：
地位：紧贴系统硬件之上，所有其他软件之下（是其他软件的共同环境）
目标：
有效性：管理和分配硬件、软件资源，合理地组织计算机的工作流程。
方便性：提供良好的、一致的用户接口，弥补硬件系统的类型和数量差别。
可扩充性：引入操作系统给计算机系统的功能扩展提供支撑平台，便之在追加新功能和新服务时更加容易且不影响原有的功能和服务。这样硬件的类型和规模、操作系统本身的功能和管理策略、多个系统之间的资源共享和相互操作。
2. 通过计算机系统的层次结构引入研究操作系统的三个方面：
①系统资源的管理者的角度；
①用户使用者的角度；
①OS是扩展机(extended machine)/虚拟机(virtual machine)：
操作系统的定义：
操作系统是计算机系统中的一个系统软件，是一些程序模块的集合——它们能以尽量有效合理方式组织和管理计算机的软硬件资源，合理的组织计算机的工作流程，控制程序的执行而向用户提供各种服务功能，使得用户能够灵活，方便，有效的使用计算机，使整个计算机系统能高效的运行。
二、操作系统的发展历史
强调推动操作系统发展的主要动力："需求推动发展"
(1) 提高资源的利用率和系统性能：计算机发展的初期，计算机系统昂贵，用作集中计算。

图4.8 设置后的效果　　　　　　　　　图4.9 "文字方向"对话框

提示 如果在进行文字方向设置前没有选择文字，则"应用于"下拉框中会出现"插入点之后"选项。如果不是进行整篇文档中的文字方向设置，不同方向的文字将分页显示。

4.2 格式化段落

段落是指以按"Enter"键结束的内容文档，它是构成整个文档的骨架。段落可以包括文字、图片、各种特殊字符等。一般情况下，文本行距取决于各行中文字的字体和字号。如果某行包含大于周围其他文字的字符，如图形或公式等，Word就会增加该行的行距。

如果删除了段落标记，则标记后面的一段将与前一段合并，并采用该段的间距。段落格式化包括段落对齐、段落缩进及段落间距的设置等。

4.2.1 设置段落对齐方式

段落对齐方式是指文档边缘的对齐方式，又分为段落水平对齐和段落垂直对齐两种。

一、段落水平对齐

段落水平对齐一般分为左对齐、右对齐、居中对齐、两端对齐和分散对齐。在"开始"选项卡的"段落"功能组中有对应的功能按钮。

1. 左对齐：单击"段落"功能组中的■按钮，或按快捷键"Ctrl+L"。使所选文本左对齐，右边参差不齐。

2. 右对齐：单击"段落"功能组中的■按钮，或按快捷键"Ctrl+R"。使所选文本右对齐，左边参差不齐。

3. 居中对齐：单击"段落"功能组中的■按钮，或按快捷键"Ctrl+E"。使所选文本居中对齐，左、右两边参差不齐。

4. 两端对齐：单击"段落"功能组中的■按钮，或按快捷键"Ctrl+J"。使所选段落（除末行外）的左、右两边同时对齐，并根据需要增加字间距，这样可以在页面左右两侧形成整齐的外观。这也是系统默认的对齐方式。

5. 分散对齐：单击"段落"功能组中的■按钮，或按快捷键"Ctrl+Shift+J"。使文本左右两边均对齐，而且所选段落不满一行时，将拉开字符间距使该行均匀分布。

上述对齐方式也可单击"段落"功能组对话框启动器■，或是单击鼠标右键，在打开的快捷菜单中选择"段落"菜单命令，即可打开"段落"对话框，在其中选择"缩进和间距"选项卡，在"对齐方式"下拉列表框中选择各种对齐方式。

设置段落对齐方式时，首先选定要对齐的段落或将光标插入点移到新段落的开始位置，然后单击"段落"功能组上的相应按钮。

例如，将图4.1所示文本中的标题"本章重点"设置为"居中"对齐的操作步骤为：

1. 选中"本章重点"文本。

2. 单击"段落"功能组上的"居中"按钮■即可。

二、段落垂直对齐

设置段落的垂直对齐，可以快速地定位段落的位置，如要制作一个封面标题，设置段落的垂直居中对齐就可以快速将封面标题置于页面的中央。

设置段落垂直对齐的操作步骤如下：

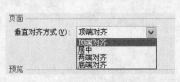

图4.10 选择垂直对齐方式

· 单击"页面布局"选项卡中"页面设置"组对话框启动器■，在打开的"页面设置"对话框中选择"版式"选项卡。

· 在"页面"下的"垂直对齐方式"下拉列表框中选择一种对齐选项，如图4.10所示。

· 单击"确定"按钮。系统默认的段落垂直对齐方式是顶端对齐方式。

4.2.2 设置段落缩进

在Word 2010中，段落缩进和页边距是有区别的，页边距指文本与纸张边缘的距离，对于每行来说页边空白宽度是相等的；而段落缩进是指段落中的文本与页边距之间的距离。它是为了突出某段或某几段，使其远离页边空白，或占用页边空白，起到突出效果的一种方式。使用缩进可以使文档中的某一段相对其他段落偏移一定的距离。使用标尺可以快速设置页边距和段落缩进。

段落缩进有6种格式：首行缩进、悬挂缩进、左侧缩进、右侧缩进、内侧缩进和外侧缩进。用户可以对整个文档进行缩进设置，也可以对某一段落进行缩进设置。设置缩进有以下几种方法。

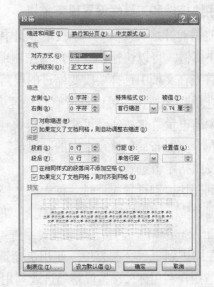

图4.11 "段落"对话框中的"缩进和间距"选项卡

一、使用段落对话框设置缩进

使用"段落"对话框可以准确地设置缩进尺寸。其方法是单击"开始"选项卡中的"段落"组对话框启动器，打开"段落"对话框，选择"缩进和间距"选项卡，如图4.11所示。

若在"缩进"选项组的"左侧"文本框中输入左缩进值，则所有行从左边缩进；若在"右侧"文本框中输入右缩进值，则所有行从右边缩进。选择"对称缩进"复选框，可对"内侧"和"外侧"缩进值进行设置。在"内侧"文本框中输入内侧缩进值，则所有行从左边缩进；"外侧"文本框中输入外侧缩进值，则所有行从右边缩进。在"特殊格式"下拉列表框中可以选择段落缩进的方式。选择"首行缩进"选项并在"磅值"文本框中输入缩进值，则第一行按缩进值缩进，其余行不变；选择"悬挂缩进"选项并在"磅值"文本框中输入缩进值，则除第一行外，其余各行均按缩进值缩进。单击"确定"按钮，完成缩进设置。

例如，将图4.8所示文本中的"目标"所在段落格式化为首行缩进2个字符的操作步骤为：

1. 将光标插入点置于"需要精密仪器"所在段落的开始处。

2. 单击"开始"选项卡中的"段落"组对话框启动器，打开"段落"对话框。

3. 在该对话框中选择打开"缩进和间距"选项卡，在"特殊格式"下拉列表框中选择"首行缩进"选项，在"磅值"文本框中输入"2字符"。

4. 单击"确定"按钮即可。

二、使用标尺设置段落缩进

在窗口标尺上边界有一个倒三角形状的标记，是首行缩进标记；在标尺的下边界有三个标记：一个是左边的正三角形状的标记，是悬挂缩进标记；另一个是左边正三角形下带有一个小矩形的标记，是左缩进标记；还有一个右边的正三角形状的标记，是右缩进标记。

使用标尺设置段落缩进时，首先在文档中选择要改变缩进的段落，然后拖动左缩进标记到缩进位置，可以使所有行从左边缩进。在拖动鼠标时，整个页面上出现一条垂直点画线，以显示新边距的位置。

拖动首行缩进标记到缩进位置，将以左边界为基准缩进第一行。拖动悬挂缩进标记至缩进位置，可以设置除首行外的所有行的缩进。拖动右缩进标记至缩进位置可以使所有行均右缩进。

提示 如果当前编辑窗口没有显示标尺，请单击垂直滚动条上方的“标尺”按钮，将在当前编辑窗口显示标尺。

三、用快捷键和工具栏设置段落缩进

使用“开始”选项卡下“段落”组中的“增加缩进量”和“减少缩进量”按钮，或使用快捷键，可以快速修改段落的左侧缩进量。

首先在文档中选择要改变缩进的段落，然后单击“开始”选项卡下“段落”组中的“增加缩进量”按钮，可以将所有行快速向右移到前一个制表位；单击“格式”工具栏上的“减少缩进量”按钮，可将所有行快速向左移到下一个制表位。

在“页面布局”选项卡中的“段落”组中设置“左缩进”及“右缩进”值的大小，整个段落按照指定值进行缩进。

利用快捷键设置缩进时，首先在文档中选择要改变缩进的段落，要使左侧段落缩进至下一个制表位，使用快捷键“Ctrl+M”；如果要使所有行左缩进移至前一个制表位，使用快捷键“Ctrl+Shift+M”。要设置悬挂式缩进，使用快捷键“Ctrl+T”。要除首行不动外，其余所有行左缩进到下一个制表位，使用快捷键“Ctrl+Shift+T”。

请用户利用标尺设置段落缩进或利用快捷键和工具栏设置段落缩进，将图4.8所示文本中的其他段落格式化，要求效果如图4.12所示。

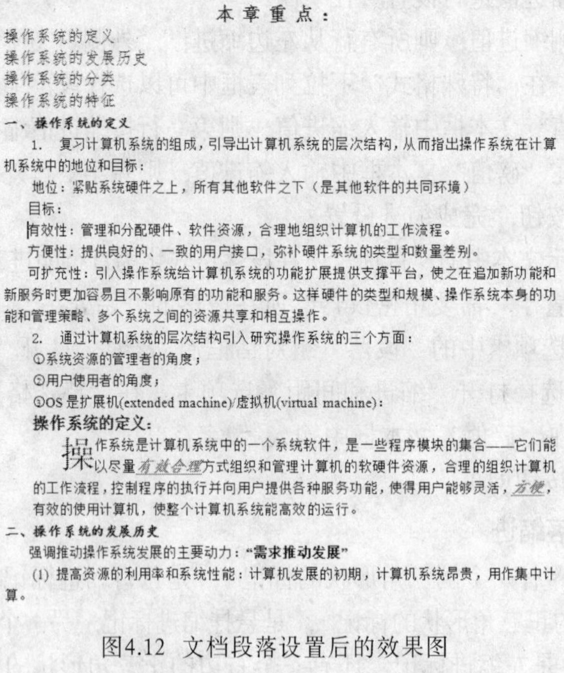

本 章 重 点：

操作系统的定义
操作系统的发展历史
操作系统的分类
操作系统的特征

一、操作系统的定义

1. 复习计算机系统的组成，引导出计算机系统的层次结构，从而指出操作系统在计算机系统中的地位和目标：

地位：紧贴系统硬件之上，所有其他软件之下（是其他软件的共同环境）

目标：

有效性：管理和分配硬件、软件资源，合理地组织计算机的工作流程。

方便性：提供良好的、一致的用户接口，弥补硬件系统的类型和数量差别。

可扩充性：引入操作系统给计算机系统的功能扩展提供支撑平台，使之在追加新功能和新服务时更加容易且不影响原有的功能和服务。这样硬件的类型和规模、操作系统本身的功能和管理策略、多个系统之间的资源共享和相互操作。

2. 通过计算机系统的层次结构引入研究操作系统的三个方面：

①系统资源的管理者的角度；

②用户使用者的角度；

③OS是扩展机(extended machine)/虚拟机(virtual machine)：

操作系统的定义：

操作系统是计算机系统中的一个系统软件，是一些程序模块的集合——它们能以尽量*有效合理*方式组织和管理计算机的软硬件资源，合理的组织计算机的工作流程，控制程序的执行并向用户提供各种服务功能，使得用户能够灵活，*方便*，有效的使用计算机，使整个计算机系统能高效的运行。

二、操作系统的发展历史

强调推动操作系统发展的主要动力：**“需求推动发展”**

(1) 提高资源的利用率和系统性能：计算机发展的初期，计算机系统昂贵，用作集中计算。

图4.12 文档段落设置后的效果图

4.2.3 设置行距、段前和段后间距

行距是指从一行文字的底部到另一行文字顶部的间距。Word 2010将自动调整行距以容纳该行中最大的字体和最高的图形。行距决定段落中各行文本之间的垂直距离。系统默认值是“单倍行距”，意味着间距可容纳所在行的最大字符并附加少许额外间距。

段落间距是指前后相邻的段落之间的空白距离。当按下“Enter”键重新开始一段文本

时，光标会跨过段间距到下一段的起始位置。

用户可以根据需要设置段落间距和行距，其操作方法有两种，分别是：

1. 首先在文档中选择要改变间距的段落，单击"开始"选项卡下的"段落"组中的"行和段落间距" ↕·按钮，在弹出的下拉菜单中选择所需的行间距或段前和段后间距。

2. 首先在文档中选择要改变间距的段落，然后单击"段落"功能组对话框启动器，打开图4.11所示的"段落"对话框。在"间距"选项组中的"段前"文本框中输入所需的间距值，可调整选择段落同它前面段落之间的距离；在"段后"文本框中输入所需的间距值，可调整选择段落同它后面段落之间的距离。如果选择的行距为"固定值"或"最小值"，请在"设置值"微调框中输入所需的行间隔。如果选择了"多倍行距"，请在"设置值"微调框中输入行数。设置完成后，单击"确定"按钮返回文档。

用户也可以使用快捷键方式来设置行距：按"Ctrl+1"快捷键可设置单倍行距；按"Ctrl+5"快捷键可设置1.5倍行距；按"Ctrl+2"快捷键可设置2倍行距。

例如，将图4.1所示文本中的"本章重点"段落格式化为段落后间距为1行，操作步骤为：

1. 选中"本章重点"段落。

2. 单击"段落"功能组对话框启动器，或是右键菜单中"段落"菜单命令，打开"段落"对话框。

3. 在该对话框中选择打开"缩进和间距"选项卡，在"间距"选项组中"段后"文本框中输入"1行"。

4. 单击"确定"按钮即可。

4.3 项目符号和编号

在文档中，为了使相关内容醒目并且有序，经常需要使用项目符号和编号列表。项目符号是放在文本前的以添加强调效果的点或其他符号，用于强调一些特别重要的观点或条目；编号列表是用于逐步展开一个文档的内容。

4.3.1 添加项目符号或编号

Word 2010可以在输入文档的同时自动创建项目符号和编号列表，也可以在文本的原有行中添加项目符号和编号。

一、输入文档的同时自动创建项目符号和编号列表

1. 输入"*"（星号）开始一个项目符号列表，或输入"1."开始一个编号列表，然后按空格键或"Tab"键。

2. 输入所需的任意文本。

3. 按"Enter"键添加下一个列表项，Word会自动插入下一个编号或项目符号。

4. 若要结束列表，请按两次"Enter"键，或通过按"Backspace"键删除列表中的最后一个项目符号或编号，即可结束该列表。

提示　如果项目符号或编号不能自动显示，将鼠标移到选项卡功能区，单击鼠标右键，在弹出的菜单中选择"自定义快速访问工具栏"命令，弹出"Word选项"对话框。单击"校对"选项，此时在对话框的右侧"自动更正选项"功能组下单击"自动更正选项”按钮。在弹出的“自动更正”对话框中，再单击“输入时自动套用格式”选项卡。选择“自动项目符号列表”和“自动编号列表”复选框。

二、为原有文本添加项目符号或编号

1. 选定要添加项目符号或编号的文本或者将光标放于文本之中。

2. 单击“开始”选项卡“段落”组中的“项目符号”按钮☰ ▾或“编号”按钮☰ ▾。单击按钮旁边的小三角按钮，在下拉列表中可选择不同形式的项目符号或编号。

3. 若要删除列表，通过按“Backspace”键删除项目符号或编号即可。

例如，为图4.1所示文档中的“目标”下的3个自然段添加项目符号。操作步骤如下：

1. 打开图4.12所示的文档，将光标置于需要添加项目符号的内容之前。

2. 单击“开始”选项卡“段落”组中的“项目符号”按钮，可以看到添加了一个系统默认的项目符号——实心圆点。

添加编号的方法同添加项目符号的方法一样，用户可自己练习添加需要的编号。要求效果如图4.13所示。

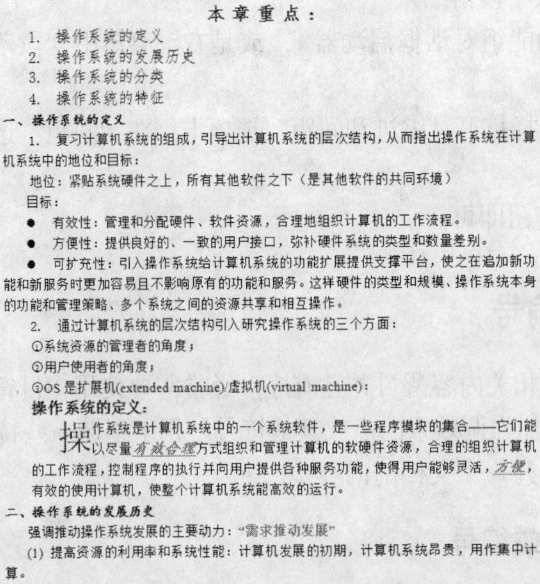
本章重点：

1. 操作系统的定义
2. 操作系统的发展历史
3. 操作系统的分类
4. 操作系统的特征

一、操作系统的定义

1. 复习计算机系统的组成，引导出计算机系统的层次结构，从而指出操作系统在计算机系统中的地位和目标：

地位：紧贴系统硬件之上，所有其他软件之下（是其他软件的共同环境）

目标：

- 有效性：管理和分配硬件、软件资源，合理地组织计算机的工作流程。
- 方便性：提供良好的、一致的用户接口，弥补硬件系统的类型和数量差别。
- 可扩充性：引入操作系统给计算机系统的功能扩展提供支撑平台，使之在追加新功能和新服务时更加容易且不影响原有的功能和服务。这样硬件的类型和规模、操作系统本身的功能和管理策略、多个系统之间的资源共享和相互操作。

2. 通过计算机系统的层次结构引入研究操作系统的三个方面：

①系统资源的管理者的角度；

②用户使用者的角度；

③OS是扩展机(extended machine)/虚拟机(virtual machine)：

操作系统的定义：

操作系统是计算机系统中的一个系统软件，是一些程序模块的集合——它们能以尽量有效合理方式组织和管理计算机的软硬件资源，合理的组织计算机的工作流程，控制程序的执行并向用户提供各种服务功能，使得用户能够灵活，方便，有效的使用计算机，使整个计算机系统能高效的运行。

二、操作系统的发展历史

强调推动操作系统发展的主要动力：“需求推动发展”

(1) 提高资源的利用率和系统性能：计算机发展的初期，计算机系统昂贵，用作集中计算。

图4.13 设置项目符号和编号后的效果图

4.3.2 更改项目符号或编号列表的格式

默认状态下，项目符号的样式是一个实心圆点，编号的格式是阿拉伯数字。除此之外，Word还分别提供了其他6种标准格式的项目符号和编号，并且允许用户自己定义喜欢的项目符号和编号。通过单击“项目符号”按钮☰ ▾、“编号”按钮☰ ▾旁边的小三角按钮，可以看到这几种符号，通过打开的下拉菜单中的“定义新项目符号”及“定义新编号格式”命令，可以自定义其他的项目符号及编号。

一、自定义项目符号样式

单击“开始”选项卡“段落”组中的“项目符号”按钮☰ ▾旁边的小三角，选择“定义新项目符号”命令，打开“定义新项目符号”对话框，如图4.14所示。在该对话框中的“项目符号字符"组中有三个按钮及一个下拉列表框。单击"符号"、"图片"、"字体"按钮弹出不同的对话框，在这些对话框中进行需求的设置。在"对齐方式"下拉列表中选择对齐方式。

用户自己定义项目符号样式的方法如下：

1. 若用户希望项目符号是一个符号样式，单击该对话框中的"符号"按钮，打开"符号"对话框，如图4.15所示，选择自己喜欢的符号作为项目符号。

图4.14　"定义新项目符号"对话框

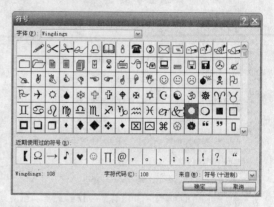

图4.15　选择作为项目符号的符号

2. 若用户希望项目符号是一个图片样式，单击该对话框中的"图片"按钮，打开"图片项目符号"对话框，如图4.16所示，Word 2010自带了若干个图片，用户可以选择一个自己喜欢的图片作为项目符号。

3. 若用户不满意系统提供的图片，还可以自己定义作为图片项目符号的图片。方法是在"图片项目符号"对话框中单击"导入"按钮，打开"将剪辑添加到管理器"对话框，按屏幕提示导入一个图片作为项目符号。

4. 当确定了需要作为项目符号的符号样式或图片样式后，单击相应对话框中的"确

图4.16　"图片项目符号"对话框

定"按钮，在"定义新项目符号"对话框的"预览"组中，原来的符号已经被选中的符号或图片所代替。

5. 单击"确定"按钮，即可将项目符号应用到所选文档中。

例如，为图4.13所示文档中的"目标"下的3个自然段添加自定义为图片的项目符号。操作如下：

1. 打开图4.13所示的文档，选中需要修改项目符号的内容或将光标置于该段之中。

2. 单击"开始"选项卡"段落"组中的"项目符号"按钮旁边的小三角，在其下拉菜单中选择"定义新项目符号"，打开"定义新项目符号"对话框。

3. 单击该对话框中的"图片"按钮，打开"图片项目符号"对话框。

4. 选择满意的图片后，按"确定"按钮，返回到"定义新项目符号"选项卡。

5. 再次单击"确定"按钮，效果如图4.17所示。

二、自定义编号样式

单击"开始"选项卡"段落"组中的"编号"按钮旁边的小三角，在其下拉菜单中选择"定义新编号格式"，打开"定义新编号格式"对话框，如图4.18所示。在该对话框中列出了其他6种标准格式的编号，用户可根据需要选择其相应的编号。

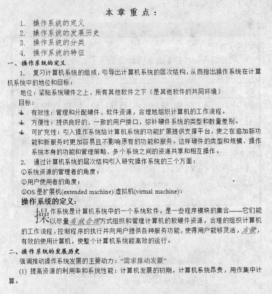

图4.17　改变项目符号后的效果图　　　　图4.18　"定义新编号格式"对话框

用户自定义编号样式的方法如下：

1. 在"编号样式"下拉列表框中选择所需编号的样式。

2. 如果需要设置编号样式的字体，则单击"字体"按钮，在打开的对话框中设置项目编号的字体。设置完毕后，单击"确定"按钮返回"定义新编号格式"对话框。

3. 在"对齐方式"下拉列表中，可以设定编号的对齐方式。

通过上面的设置可以完成编号的更改过程。这时，在"定义新编号格式"对话框的"预览"区中可以看到用户自定义的项目编号格式。在"段落"组中"编号"按钮的下拉菜单中也显示了具有此样式的编号。单击此编号样式，即可将其应用到文档中。如果开启了"实时预览"功能，当鼠标放置在此编号上就可以看到文档中应用此编号的效果。

4.3.3　重新设置编号的起始点

在Word 2010中，列表编号的连续性很强。当在文档的某个部分使用过某种格式的编号列表后，在另一个位置再设置编号列表时，系统会按照前面的编号顺序继续向下编号，即使相隔了许多段落，甚至许多页也依然如此。当然，关闭当前文档以后，再建立新的文档时则没有此问题。

当用户在同一文档中使用过编号后，再重新使用"段落"组上的"编号"按钮 进行编号时，编号是按照前面的编号顺序继续向下编号，并且在编号的前面出现"自动更正选项"符号 。此时若需要重新开始编号，可单击 ，在弹出的菜单中单击"重新开始编号"即可，系统将从1开始建立编号列表。若用户希望更改编号的样式，按上一节介绍的方法打开如图4.18所示的"定义新编号格式"对话框，先选择需要的编号样式。

当用户需要将文档中已设置的编号重新开始编号时，操作步骤如下：

1. 选中所要更改的编号，此时"开始"选项卡"段落"组中的"编号"按钮会以高亮显示。

2. 单击"编号"按钮旁边的小三角，打开其下拉菜单，选择"设置编号值"命令，打开如图4.19所示的"起始编号"对话框。选择"开始新列表"项，在"值设置为"框中设置新的起始编号。选择"继续上一列表"项，如前面的编号是"5"，选择此项后更改的编号将变为"6"；如果希望是其他的值，选择"前进量"复选框，在"值设置为"框中设置所要跳过的个数。

图4.19 "起始编号"对话框

3. 单击"确定"按钮，完成更改。

4.3.4 创建多级符号列表

多级符号列表是用于为列表或文档设置层次结构而创建的列表。它可以用不同的级别来显示不同的列表项，比如在创建多级项目符号时，可以在第1级符号中使用"第1章"，第2级中使用"1.1"，第3级中使用"1.1.1"等。

提示 Word 2010规定文档最多可有9个级别。

用户为文档创建多级符号列表的方法非常简单，只需选中需要创建多级符号列表的文档内容，单击"开始"选项卡"段落"组中"多级列表"按钮，在弹出的下拉菜单"列表库"选项区，选择中意的样式即可，如图4.20所示。

若用户不满意"列表库"选项区给出的样式，也可以自定义所需的样式，方法是单击"开始"选项卡"段落"组中"多级列表"按钮，在弹出的下拉菜单中选择"定义新列表样式"选项，打开如图4.21所示的对话框，按提示操作定义一个新的列表样式。

图4.20 "多级列表"按钮下的"列表库"选项区

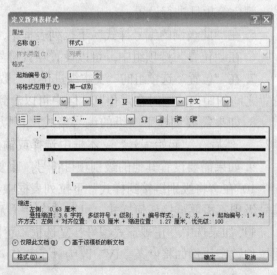

图4.21 "定义新列表样式"对话框

用户也可通过更改列表中项目的层次级别，将原有的列表转换为多级符号列表。具体方法是：

1. 单击列表中除了第一个编码以外的其他编码。

2. 然后按 "Tab" 键或单击 "格式" 工具栏上的 "增加缩进量" 按钮。

3. 按 "Shift+Tab" 组合键或 "减少缩进量" 按钮，可以降低编号的层次级别。

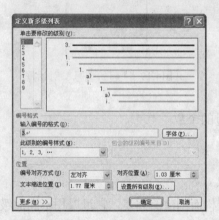

图4.22　"定义新多级列表" 对话框

需要说明的是，用此种方法设置的多级符号列表的样式是系统默认的样式。若不满意可将设置好的多级符号列表内容选中，按上述方法在 "列表库" 选项区选择中意的样式即可。

若用户不喜欢系统给出的多级符号列表，可以定义自己满意的列表，方法如下：

1. 单击 "开始" 选项卡 "段落" 组中 "多级列表" 按钮旁的小三角，在弹出的下拉菜单中选择 "定义新多级列表" 命令，打开 "定义新多级列表" 对话框，如图4.22所示。

2. 在 "单击要修改的级别" 列表框中，选中 "1"，即选中最高级别。在 "起始编号" 数字框中选择或输入起始编号，在 "输入编号的格式" 文本框中显示起始的编号。

> **提示**　如果没有出现 "起始编号" 数字框，请单击 "定义新多级列表" 对话框上的 "更多" 按钮。

3. 在 "输入编号的格式" 文本框中自动编号的前面输入您希望的内容，如输入 "第"，在编号的后面输入 "章"，以使第1级编号能够显示为 "第×章" 这样的格式。

4. 如果需要，还可以通过单击 "字体" 按钮，打开 "字体" 对话框，对编号的字体、字号、颜色等项目进行设置。

5. 在 "此级别的编号样式" 下拉列表框中，选择编号的样式。

6. 在 "位置" 选项组中，可以设置项目符号的对齐方式及对齐位置。

7. 在 "位置" 选项组的 "文本缩进位置" 数字框中，可以选择或输入页边框与正文起始位置之间的距离，同时在 "预览" 区中可以看到设置后的预览效果。

8. 如果需要创建下一级的编号格式，可以在 "单击要修改的级别" 列表框中，选中 "2"，然后在 "起始编号" 文本框中选择或输入起始编号即可。

9. 如果需要设置其他的级别项目符号，重复上述的步骤。

10. 在 "将级别链接到样式" 下拉列表框中选择链接到所选多级符号级别的样式。如果编号级别不需要链接任何样式，可以选中 "（无样式）" 选项。

11. 如果选中 "正规形式编号" 复选框，可以将当前多级编号列表中的编号改为相应的阿拉伯数字，例如将 "条款IV" 改为 "条款4" 等。

> **提示**　如果在某一级标题中设置的编号为非正规形式的编号，如编号为 "一"，而希望其后的标题显示为正规形式编号 "1.*" 的形式，选中 "正规形式编号" 复选框。

12. 在"编号之后"下拉列表框中选择要插入到列表编号和段落首字符之间的不可编辑的字符。默认情况下，Word将插入一个制表符，在此有"制表符"、"空格"和"不特别标注"3个选项可以选择。如果选择"制表符"项，则可选中"制表位添加位置"复选框，设置制表位与编号的距离。

设置完毕，单击"确定"按钮保存设置并返回。

4.3.5 创建多级图片项目符号列表

多级图片项目符号列表类似于多级符号列表。它是以不同的图片来显示列表级别的，每一层分别使用不同的图片项目符号图标。

创建多级图片项目符号列表的操作步骤如下：

1. 单击"开始"选项卡"段落"组中"多级列表"按钮旁的小三角，在弹出的下拉菜单中选择"定义新多级列表"命令，打开"定义新多级列表"对话框，参见图4.22所示。

2. 在"单击要修改的级别"列表框中，选中编号级别。

3. 在"此级别的编号样表"下拉列表框中，选择一幅系统提供的项目符号图片，或者单击"新图片"选项，打开"图片项目符号"对话框，选中需要的图片后单击"确定"按钮。

4. 重复步骤2和3，为每一级别选择不同的级别和不同的图片项目符号，直到完成为止。

5. 单击"确定"按钮。

用户可以使整个列表向左或向右移动。方法是单击列表中的第一个编号或第一个项目符号，并将其拖到一个新的位置。整个表会随着你的拖动而移动，列表中的编号则级别不变。

4.3.6 删除项目符号或编号

对于不再需要的项目符号或编号可以随时将其删除，操作方法非常简单，使用下述两种方法之一即可。

1. 将光标插入点放置于需要删除项目符号或编号的文本上，然后单击"开始"选项卡"段落"组中的"项目符号"按钮或"编号"按钮。

2. 将光标插入点放置于需要删除其项目符号或编号的文本前，然后按"Backspace"键。

提示 若删除的是编号，Word 2010会自动调整编号列表的数字顺序。

4.4 插入脚注与尾注

不论是撰写一份科学研究报告，还是一份毕业论文，都会发现脚注和尾注是必不可少的。脚注和尾注用于为文档中的文本提供解释、批注以及相关的参考资料。可用脚注对文档内容进行注释说明，用尾注说明引用的文献。

4.4.1 关于脚注与尾注

脚注是对文档的进一步解释，或者说明文档使用的资料，它经常放置在页面的底端。尾注的作用和脚注基本相同，不同的是脚注放在每页的底端，而尾注只放在文档的结束部分。如果在文档的某一项的右上角有一个数字符号，就可以使人知道它有一个脚注或尾注。当鼠标停留在此数字符号上时，会出现一个屏幕提示框，显示脚注和尾注的内容。

　　脚注或尾注由两个互相链接的部分组成：注释引用标记和与其对应的注释文本。

　　注释引用标记用于指明脚注或尾注中已包含附加信息的数字、字符，或字符的组合。在注释中可以使用任意长度的文本，并像处理其他文本一样设置注释文本格式。用户还可以自定义注释分隔符，来分隔文档正文和注释文本。

一、自动编号

　　无论用户在整篇文档中使用单一编号方案，还是在文档的各节中使用不同的编号方案，Word 2010均会自动为脚注和尾注进行编号。当用户在文档或节中插入第一个脚注或尾注后，随后的脚注和尾注会自动按顺序编号。在添加、删除或移动自动编号的注释时，将对脚注和尾注引用标记重新进行编号。

二、查看与打印脚注和尾注

　　如果在屏幕上查看将要打印的文档，只需将指针停留在文档中的注释引用标记上便可以查看注释，注释文本会出现在标记上方。打印文档时，脚注会出现在每一页的底端，或紧接在该页上最后一行文本的下面，而尾注位于文档末尾，或每节的末尾。

4.4.2　插入脚注或尾注

一、插入脚注或尾注

　　1. 在页面视图中，选定文档中要插入注释引用标记的位置。

　　2. 单击"引用"选项卡"脚注"组中的"插入脚注" AB^1 按钮或"插入尾注" 按钮。同时也可以使用"Ctrl+Alt+F"组合键插入脚注；使用"Ctrl+Alt+D"组合键插入尾注。在默认情况下，Word将脚注放在每页的结尾处，而将尾注放在文档的结尾处。

二、快速查找脚注或尾注

　　用户可以很方便地在文档中快速查看所插入的脚注和尾注，操作方法如下：

　　1. 首先将当前文档视图切换成页面视图。

　　2. 单击"引用"选项卡"脚注"组中的"下一条脚注" 按钮旁边的小三角按钮，在打开的下拉列表中可选择查看上一条或下一条脚注和尾注。

三、更改脚注或尾注

　　1. 单击"引用"选项卡"脚注"组中的对话框启动器 ，打开"脚注和尾注"对话框，如图4.23所示。

图4.23　"脚注和尾注"对话框

　　2. 如果要更改脚注，在"位置"选项组中，选中"脚注"单选按钮，然后在其后的下拉列表框中选择在文档中打印脚注的位置，有"页面底端"和"文字下方"两个选项可以选择。

　　3. 如果要更改尾注，在"位置"选项组中，选中"尾注"单选按钮，然后在其后的下拉列表框中选择在文档中打印脚注的位置。有"文档结尾"和"节的结尾"两个选项可以选择。

4. 在"格式"选项组中，用于设置编号的格式选项。单击"编号格式"下拉列表框的下拉按钮，在打开的下拉列表框中选择需要用于自动编号脚注的编号格式。

5. 如果需要使用用户自定义的注释引用标记，可以在"自定义标记"文本框中输入注释引用标记；也可以通过单击"符号"按钮，打开"符号"对话框，选择所需要符号。

6. 在"起始编号"文本框中输入或选择编号的起始编号。

7. 单击"编号"下拉列表框的下拉按钮，在打开的下拉列表框中选择文档中的脚注编号的方式，有"连续"、"每节重新编号"和"每页重新编号"3个选项可供选择，"尾注"有"连续"、"每节重新编号"两个选项。

8. 在"应用更改"选项组中，选择要进行修改的文档的位置。

9. 设置完毕，单击"插入"按钮，Word 2010将插入注释编号，并将插入点置于注释编号的旁边。

10. 输入所需的注释文本后单击文档的其他位置完成操作。

提示 随后再向文档中插入其他的脚注或尾注时，Word 2010将自动应用默认的编号格式。

4.4.3 自定义脚注或尾注

无须输入分节符，就可用自定义脚注或尾注，在相同页面插入带有不同格式的脚注或尾注，例如可将星号（*）作为一个自定义注释插入。自定义注释将不能自动重新编导。

自定义脚注或尾注的操作步骤如下：

1. 单击"引用"选项卡"脚注"组中的对话框启动器，打开"脚注和尾注"对话框。

2. 单击"脚注"或"尾注"单选按钮。

3. 在"自定义标记"文本框中输入一个标记，或者通过单击"符号"按钮，打开"符号"对话框，选择一个内置的符号作为标记。

4. 单击"插入"按钮。

用户也可用快捷键插入脚注和尾注。根据以上操作步骤，选定编号格式和其他选项，然后用快捷键顺序插入脚注和尾注。如果需要更改编号格式，则可再次打开"脚注和尾注"对话框，进行必要的设置。

4.4.4 删除脚注或尾注

如果要删除脚注或尾注，则需要删除文档中的注释引用的标记，而不是注释窗格中的注释文字。如果删除了一个自动编号的注释引用标记，Word 2010会自动对注释进行重新编号。

要删除脚注或尾注，首先在文档中选中要删除的注释引用标记，然后按下"Delete"键即可。

如果要删除所有自动编号的脚注或尾注，可以利用查找与替换功能，将自动编号的脚注或尾注替换为空即可。具体操作方法如下：

1. 单击"开始"选项卡"编辑"组的"替换"按钮，打开"查找和替换"对话框，单击"替换"选项卡。

2. 单击"更多"按钮，扩展"查找和替换"对话框。

3. 单击"特殊格式"按钮，在打开的子菜单中单击"尾注标记"或"脚注标记"选项，确认"替换为"文本框为空。

最后单击"全部替换"按钮，将所有的脚注或尾注删除。

4.4.5　脚注和尾注间的相互转换

如果已经在文档中插入了脚注，则可将其转换成尾注，反之亦然。而且还可以将注释转换成脚注或尾注，其操作方法非常简单。下面给出将一个或多个注释转换成脚注或尾注的操作步骤：

1. 首先将当前文档视图切换成页面视图。

2. 单击"引用"选项卡"脚注"组中的"显示备注" 显示备注 按钮。如果文档中只有脚注或只有尾注，则光标跳到注释位置。如果在文档中同时包含脚注和尾注，则会打开如图4.24所示的"显示备注"对话框，让用户选择是"查看脚注区"还是"查看尾注区"。

3. 选中需要查看的内容，如"查看尾注区"选项，单击"确定"按钮，则跳转至文档的"尾注"注释。

4. 选中要转换的注释，然后单击鼠标右键，在打开的快捷菜单中单击"转换为脚注"命令即可将选中的尾注转换为脚注。将脚注转换为尾注的方法相同。

5. 如果要将所有脚注转换为尾注或将所有的尾注转换为脚注，可以单击"引用"选项卡"脚注"组的对话框启动器 ，打开"脚注和尾注"对话框。单击"转换"按钮，打开如图4.25所示的"转换注释"对话框。

　　　图4.24　"显示备注"对话框　　　　　　　　图4.25　"转换注释"对话框

6. 选择需要的选项后，单击"确定"按钮即可完成转换操作并退回到"脚注和尾注"对话框中。

7. 单击"关闭"按钮。

4.5　题注

题注是可以添加到表格、图表、公式或其他项目上的编号标签，例如"图表1"。用户可为不同类型的项目设置不同的题注标签和编号格式，还可以创建新的题注标签，如使用照片。如果添加、删除或移动了题注，还可更新所有题注的编号。

4.5.1　插入题注

插入题注有两种方式：在插入表格、图表、公式或其他项目时自动添加题注和为已有的表格、图表、公式或其他项目手动添加题注。

一、在插入表格、图表、公式或其他项目时自动添加题注

其操作步骤如下：

1. 单击"引用"选项卡"题注"组中"插入题注" 按钮，弹出"题注"对话框，如图4.26所示。

2. 单击"自动插入题注"按钮，弹出如图4.27所示的"自动插入题注"对话框。

图4.26 "题注"对话框   图4.27 "自动插入题注"对话框

3. 在"插入时添加题注"列表中，选择需要插入题注的项目。

4. 选择其他所需选项。

5. 单击"确定"按钮。

6. 如果要添加附加说明，在题注之后单击，然后输入所需文字即可。

二、为文档中已有的表格、图表、公式或其他项目手动添加题注

其操作步骤如下：

1. 选择要为其添加题注的项目。

2. 单击"引用"选项卡"题注"组中的"插入题注" 按钮，弹出如图4.26所示"题注"对话框。

3. 在"标签"列表中，选择需要插入题注的项目。

4. 选择其他所需选项。

5. 单击"确定"按钮。

> **提示** Word 2010以域的方式插入题注。如果题注看起来类似{SEQ Table*ARABIC}这样的形式，则表明显示的是域代码（域代码为占位符文本，显示数据源的指定信息的显示位置；或者为生成字段结果的字段中的元素。域代码包括字段字符、字段类型和指令。），而不是域结果（域结果是指当执行域指令时，在文档中插入的文字或图形。在打印文档或隐藏域代码时，将以域结果替换域代码）。若要查看域结果，按"Alt+F9"组合键或用鼠标右键单击域代码，再单击快捷菜单中的"切换域代码"。

4.5.2 修改题注

在插入新题注时，Word 2010会自动更新题注编号，但是如果删除或移动标题，则需要手动更新题注。

更新题注的操作步骤如下：

1. 选择要更新的一个或多个题注，如果要更新特定的标题，需要先选中它；如果要更新所有的标题，需要选中整个文档。

　　2. 单击鼠标右键，然后在打开的快捷菜单中单击"更新域"命令即可。

注意当选定特定标题或整篇文档后，可以按"F9"键更新标题。

4.6　使用书签

　　在编辑文档过程中，用户可以使用书签命名文档中指定的点或区域，以识别章、表格的开始处，或定位需要工作的位置。例如，用户可以使用书签标记一个位置或字符，也可以标记一定范围内的所有字符、图形及其他Word元素，并可以利用书签直接跳转到该处，而不用滚动翻页或搜索。这在长文档的操作中具有非常重要的意义。

4.6.1　什么是书签

　　书签是指以引用为目的而加以标识和命名的位置或选择的文本范围。书签标记文档内用户以后可以引用或链接到的位置。例如，可以使用书签来标识需要日后修订的文本。使用"书签"对话框，无须在文档中上下滚动来定位该文本。

　　书签名必须以字母或汉字开头，可以包含数字，但不能有空格。可以用下画线来分隔文字，例如"标题_1"。

4.6.2　添加和显示书签

一、添加书签

　　用户可以非常方便地为文档添加书签，其操作步骤如下：

　　1. 选择要为其指定书签的项目，或单击要插入书签的位置。

图4.28　"书签"对话框

　　2. 单击"插入"选项卡"链接"组中的"书签" 按钮或按下"Ctrl+Shift+F5"快捷键，打开"书签"对话框，如图4.28所示。

　　3. 在"书签名"文本框中输入或选择书签名称，书签名最长不能超过40个字符。

　　4. 单击"添加"按钮，关闭对话框，完成该书签的插入。

二、显示书签

　　在文档中显示书签有助于用户更有效地使用书签。显示书签的操作步骤如下：

　　1. 在选项卡功能区右键菜单中，选择"自定义快速访问工具栏"菜单命令，弹出"Word选项"对话框。

　　2. 单击"高级"选项，然后选中"显示文档内容"下的"显示书签"复选框。

　　3. 如果已经为一项内容指定了书签，该书签会以方括号"[…]"的形式出现（方括号仅显示在屏幕上，不会打印出来）。如果是为一个位置指定的书签，则该书签会显示为"I"标记。

4.6.3 定位到特定书签

在定义了一个书签之后，用户可以有两种方法来定位它：一种是利用"定位"对话框来定位书签，另一种是利用"书签"对话框来定位书签。

一、利用"定位"对话框来定位书签

1. 打开需要定位书签的文档。

2. 单击"开始"选项卡"编辑"组中"查找" 按钮旁的小三角，单击"转到"命令，打开"查找和替换"对话框的"定位"选项卡，如图4.29所示。

图4.29 "查找和替换"对话框的"定位"选项卡

3. 在对话框的"定位目标"列表框中选择"书签"选项，在"请输入书签名称"下拉列表框中选择要定位的书签。

4. 单击"定位"按钮，此时插入点将自动定位到书签所在的位置。

二、利用"书签"对话框来定位书签

如果在一篇很长的文档中使用了大量的书签，那么在"书签"对话框的列表框中，就会出现很多书签名，给用户的查找定位带来很大的麻烦。在中文版Word 2010中，提供了书签排序功能，一旦对书签进行了排序，查找起来就会变得非常简单。用户可在"书签"对话框中对书签进行排序。选择该对话框的"排序依据"选项组中的"名称"单选按钮，则列表框中的书签将会按其名称进行排序；选择"位置"单选按钮，列表框中的书签将会按照在文档中出现位置的先后进行排序。

在编辑设置了书签的文档时，用户还应注意以下两点：

·在当前文档中移动包含有书签的内容，书签将跟着移动；如果将含有书签的正文移到另一个文档中，并且另外文档中不包含有与移动正文中书签名同名的书签，则书签就会随正文一块移动到另一个文档中。

·在同一文档中，复制含有书签的正文，那么书签仍将留在原处，被复制的正文中不包含有书签；如果将一个文档含有书签的正文部分复制到另一个文档中，并且另一个文档中也不包含有该书签名同名的书签，则该书签就会随着文档一道被复制到另一个文档中。

利用"书签"对话框来定位书签的操作步骤如下：

1. 单击"插入"选项卡"链接"组中的"书签"按钮。

2. 单击"名称"或"位置"单选按钮，对文档中的书签列表进行相应的排序。

3. 如果要显示隐藏的书签，例如交叉引用，请选中"隐藏书签"复选框。

4. 在"书签名"下，单击要定位的书签，如"内容"。

5. 单击"定位"按钮即可。

4.6.4　删除书签

如果在一篇文档中定义了书签后，又不需要了，可随时进行删除，其操作步骤非常简单：

1. 单击"插入"选项卡"链接"组中的"书签"按钮。
2. 在"书签名"的下拉列表中选中欲删除的书签名。
3. 单击"删除"按钮即可。

> **提示**　若要将书签与用书签标记的项目（例如文本块或其他元素）一起删除，请选择该
> 项目，再按"Delete"键。

【动手实验】在文档中使用题注创建图表目录，如图4.30所示。

分析：本题使用题注创建图表目录，主要是练习插入题表及使用自定义的标签。在插入各个图片的题注后，单击"插入图表目录"按钮，Word 2010会自动插入图表目录，读者可以方便地找到自己所查找的图片。

在文档中使用题注创建图表目录的主要操作步骤如下：

1. 打开编辑好的文档，如图4.31所示。选中文档中的第一个图片，在"引用"选项卡"题注"组中单击"插入题注"按钮，弹出"题注"对话框。

图4.30　创建图表目录的文档　　　　图4.31　编辑好的文档

2. 单击"新建标签"，在"标签"文本框中输入"黄山风景"。

3. 单击"确定"按钮后，在"题注"对话框中的"题注"文本框中出现"黄山风景1"，在"标签"文本框中显示"黄山风景"，其中"1"为编号。如果要修改编号格式，可以单击"编号"按钮，在弹出的"题注标号"对话框中的"格式"下拉列表中选择需要的格式。

4. 在编号后输入图片的名字"迎客松"，如图4.32所示。单击"确定"按钮，完成题注的插入。

5. 为每一幅图片插入题注，标签都使用"黄山风景"标签。Word 2010会自动为每幅图片编号。

6. 所有图片都插入题注后，将光标置于插入目录的位置，即放在题目标题下方。单击"引用"选项卡"题注"组的"插入图表目录"  插入表目录 按钮。

图4.32 为图片插入题注

在弹出的"图表目录"对话框中选中"显示页码"及"页码右对齐"复选框。单击"确定"按钮，Word 2010自动根据题注生成目录。最终的效果如图4.30所示。

第5章 页面格式与特殊版式

页面设置是文档基本的排版操作之一，它反映的是文档中基本的格式设置。页面设置主要包括页面大小、方向、页边距、边框效果和页眉版式等。文档的页面设置，将会影响整个文件的全局样式，决定了是否能够编排出清晰、美观的版面。

5.1 页面设置

在实际工作中，用户可能根据需要将文件划分为若干节，且可以为不同的节设置不同的页眉和页脚或不同的版式。同时，为了美化版面，用户还可以对文件进行分栏设置，添加页眉、页脚。此外，为适应不同的纸张大小，用户还必须对文件页面进行设置。

用户在编辑文档时，直接用标尺就可以快速设置页边距、版面大小等，但是这种方式不够精确。如果需要制作一个版面要求较为严格的文件，可以使用"页面布局"选项卡来精确地对文档版面进行设置。

5.1.1 设置页面的大小

文档的大小可由纸型来决定，不同的纸型有不同的尺寸大小，如A4纸、B5纸等，如果需要特定的纸型，可以使用自定义纸张；而纸张来源是对打印机进纸盒而言的。

一、选择纸张尺寸

纸张的大小和方向不仅对打印输出的最终结果产生影响，而且对当前文档的工作区大小、工作窗口的显示方式都会产生直接的影响。在预设状态下，Word将自动使用A4幅面的纸张来显示新的空白文件，纸张大小为21厘米×29.7厘米，方向为纵向。用户也可选择不同的纸张大小或自定义纸张的大小。因此用户在进行文档的排版之前，首先应该选择纸张大小及方向等，其操作方法如下。

· 设置纸张方向：单击"页面布局"选项卡下"页面设置"组中的"纸张方向" 📄 按钮，在弹出的下拉菜单中可以选择"纵向"或者"横向"选项。

· 设置纸张大小：单击"页面布局"选项卡下"页面设置"组中的"纸张大小" 📄 按钮，在弹出的下拉菜单中选择合适的纸张大小。如果下拉菜单中没有合适的纸张大小，请单击"其他页面大小"，启动"页面设置"对话框来自定义纸张大小。

使用"页面设置"对话框来设置纸张大小的操作步骤如下：

1. 打开"页面设置"对话框。"页面设置"对话框的打开有三种方式：单击"页面布局"选项卡下"页面设置"组中的页面设置启动按钮📄；双击标尺区域；单击"纸张大小"按钮下的"其他页面大小"命令，在"页面设置"对话框中选择"纸张"选项卡，如图5.1所示。

2. 在该对话框的"纸张大小"下拉列表框中可以选择纸张的纸型，选择了纸型的同时，可以在"宽度"和"高度"文本框中看到纸张尺寸的大小。

3. 如果要设置特殊的纸型，可以在"纸张大小"下拉列表框中选择"自定义大小"选项，然后在"宽度"和"高度"文本框中输人或调整两者的数值。

"宽度"与"高度"的单位一般用厘米表示，如果需要更改度量单位，可以单击"文件"选项卡，在打开的文件管理中心中单击"选项"命令，打开"Word选项"对话框，单击左侧列表中的"高级"选项，在右边的"显示"组中"度量单位"右边的下拉列表框中选择需要的度量单位。可以选择的单位有："英寸"、"厘米"、"毫米"、"磅"和"十二点活字"。

4. 在"预览"选项组中的"应用于"下拉列表框中，可以设定当前设置的页面所适用的范围。这里有两个选择项，分别是"整篇文档"和"插入点之后"，前者表示将此设置应用于整篇文档，后者表示此设置应用于当前鼠标所在位置之后的页面。

5. 单击"默认"按钮，可以将当前设置保存为系统创建新文件的默认设置。

6. 单击"确定"按钮完成设置。

二、选择纸张来源

一般的打印机都允许纸盒走纸和手动走纸，有的打印机还可以使用两个纸盒走纸。在预设情况下，文档设置为将整个文档以默认纸盒进行打印。如果文档中的不同内容需要使用不同的纸张进行打印，如第一页打印的是信纸，第二页打印的是公文，那么可以设置不同的纸张来源，然后在打印机的不同走纸位置放置不同的纸张就可以了。

在图5.1所示的"页面设置"对话框"纸张"选项卡的"纸张来源"选项区中，左边"首页"列表框中列出的是要打印每节首页的打印机纸盒，其中列出了可用于当前打印机的走纸选项。右边"其他页"列表框中列出的是要打印每节第2页及后续各页的打印机纸盒。

如果要更改首页和其他页的纸张来源，可以单击"页面设置"对话框"纸张"选项卡下的"打印选项"按钮，打开"Word选项"对话框，在左边列表中选中"高级"选项，如图5.2所示。在右边"打印"组中的"默认纸盒"选项右侧的下拉列表框中可以选择"使用打印机设置"。

图5.1　"页面设置"对话框中
　　　　"纸张"选项卡

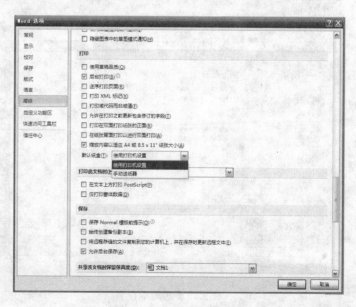

图5.2　"Word选项"对话框

5.1.2 设置页边距

设置页边距主要是用来控制文档正文与页边沿之间的空白量。在多页文档的每一页中，都有上、下、左、右4个页边距。页边距的值与文档版式位置、页面所采用的纸张类型等元素紧密相关。在改变页边距时，新的设置将直接影响到整个文档的所有页。纸张的方向也是页面设置的另一个重要功能。通过纸张方向与页边距的配合，可以编排出贺卡、信封、名片等特殊版面。

通常可在页边距内部的可打印区域中插入文字和图形，也可以将某些项目放置在页边距区域中，如页眉、页脚和页码等。

Word 2010提供了两种页边距选项，即使用默认的页边距和自定义页边距。可以使用以下3种方法设置页边距。

一、利用"页面设置"组中"页边距"命令设置页边距

使用"页边距"命令可以方便地把页边距设置为预定义的几种设置之一或者应用之前的自定义数值。操作方法如下：

单击"页面布局"选项卡下"页面设置"组中的"页边距"□按钮，弹出下拉菜单。从中选择"普通"、"窄"、"适中"、"宽"、"镜像"或者"自定义边距"选项，如图5.3所示。

二、利用"页面设置"对话框设置页边距

利用"页面设置"对话框可以全面、精确地设置页边距，其操作方法如下：

单击"页面布局"选项卡"页面设置"组中的页面设置启动按钮，在打开的"页面设置"对话框中选择"页边距"选项卡，如图5.4所示。

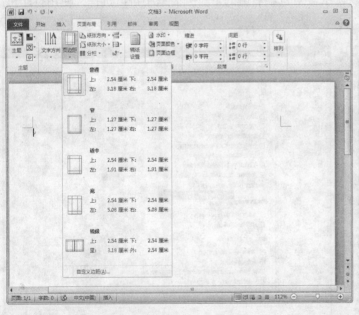

图5.3　页边距的设置

图5.4　"页面设置"对话框中的
"页边距"选项卡

在对话框的"上"、"下"、"左"、"右"文本框中输入数值，或单击文本框右边的微调按钮来选择新的页边距尺寸。在"预览"窗口中可以实时观察到不同设置的效果。如果

文档需要装订，则在"装订线"文本框中设置装订所需的页边距大小，在"装订线位置"下拉列表框中选择装订线的位置，有"左"和"上"两种位置。在"纸张方向"选项组中，可以指定当前页面的方向，选择"纵向"选项可以将纸张的短边作为页面的上边，选择"横向"选项将以纸张的长边作为页面的上边。在"页码范围"选项组的"多页"下拉列表框中，可以指定当前正在编排文档的装订方式，不同的装订方式将影响到装订线的位置。如果不需要装订，则选择"普通"选项，并在"装订线"文本框中指定数值为0。

如果单击"默认"按钮，可以将当前设置变为系统默认的页边距设置，此后每新建一个文档，都应用此页边距。

同样，若要更改部分文档的页边距，应选择相应的文本，然后设置所需的页边距，方法是：在"应用于"列表框中，单击"插入点之后"选项，Word 2010自动在应用新页边距设置的文字前后插入分节符。如果文档已划分为若干节，则可以单击某节或选定多个节，然后更改页边距。

三、使用鼠标设置页边距

使用这种办法可以快速地设置整篇文档的页边距，但是这种方式不够精确。

1. 要确认在文档的屏幕中显示有"水平标尺"和"垂直标尺"。如果屏幕上没有标尺，可单击滚动条上部的按钮启动标尺。

2. 在标尺两侧的深灰色区域代表的是页边距，将鼠标移动到标尺边界上，当鼠标出现双向箭头状态时，按下鼠标左键，并拖动鼠标就可以调整页边距了。

水平标尺是标记显示插入点所在段落的工具。若要更改缩进、页边距和列宽设置，可拖动水平标尺上的标记。若要使用水平标尺设置制表符，可以单击水平标尺左边末端的按钮，直至看到所需的制表符，再单击标尺，即可设定制表符。

垂直标尺是标记显示页面的上边距和下边距及表格行高的工具。若要调整这些设置，拖动垂直标尺上的标记即可。

【练习】新建一个文档，设置页面大小为16开，并调整页边距上、下、左、右均为2厘米，纸张方向为"纵向"，然后输入文本内容。

操作步骤如下：

1. 单击"文件"选项卡，在打开的文件管理中心中单击"新建"命令，在打开的"新建文档"对话框中选择"空白文档"，或直接单击快速访问工具栏上的"新建文档" 按钮，创建一个空白文档。

2. 单击"页面布局"选项卡下的"页面设置"组中的页面设置启动按钮，打开"页面设置"对话框，选择"纸张"选项卡。

3. 在"纸张大小"下拉列表框中选择"16开"选项，设置该文件页面大小为16开样式，此时"宽度"和"高度"文本框中将自动设置为18.4厘米和26厘米。

4. 在"页面设置"对话框中，选择"页边距"选项卡，在"上"、"下"、"左"、"右"文本框中输入2厘米，在"方向"选项组中选择"纵向"选项，在"多页"下拉列表框中选择"普通"选项。

5. 在"应用于"下拉列表框中选择"整篇文档"选项，单击"确定"按钮，关闭"页面设置"对话框。

6. 在设置好的文档中输入文字。操作完毕后的效果如图5.5所示。

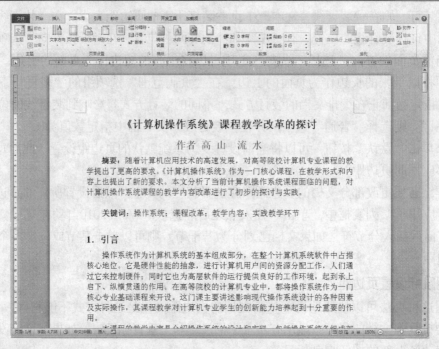

图5.5　操作完毕后效果图

5.1.3　设置每页的字数

有些文档要求每页包含固定的行数及每行包含固定的字数，例如制作稿纸信函。

一、指定每页字数

设置页面的行数及每行的字数，实际上就是设置文档网格。要使用文档网格，其操作方法如下：

1. 单击"页面布局"选项卡下"页面设置"组中的页面设置对话框启动器按钮，在打开的"页面设置"对话框中选择"文档网格"选项卡，如图5.6所示。

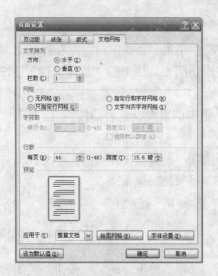

图5.6　"页面设置"对话框中的
"文档网格"选项卡

2. 在"文字排列"的"方向"区域中有两个选项，如果选中"水平"单选项，表示横向显示文件中的文本；如果选中"垂直"单选项，则表示纵向显示文件中的文本。在"栏数"文本框中可以设置文档或节的栏数，最少为1栏，最多为4栏。

3. 用户可以根据编辑文档的类型，选用"网格"选项中的某一种。编辑普通文档时，宜选择"无网格"选项，这样能使文件中所有段落文字的实际行间距均一致。编辑图文混排的长文档时，则应选择"指定行和字符网格"，否则重新打开文档时，会出现图文不在原处的情况。

4. 如果选择"只指定行网格"选项，则可以通过在"行数"区中的"每页"文本框中输入或设置每页的行数，或者通过设置右边"跨度"栏中的跨度值（跨度值=字符高度+行距）来设置每页的行数（行数×跨度=纸高×垂直页边距）。

5. 如果选中了"指定行和字符网格"选项，则除了设置每页的行数以外，还可以通过在"字符数"区中的"每行"文本框中输入或设置每行的字符数，或者通过设置右边的"跨度"栏中的跨度值来设置每行的字符数（字符数×跨度=纸宽－水平页边距）。

6. 如果选择"文字对齐字符网格"选项，则会根据输入的每行字符数和每页的行数设定页面。

7. 单击对话框中的"字体设置"按钮，可以设置文档中的正文字体。

二、设置绘图网格

为了适应严格的排版要求，有时候需要严格控制每行及每页的字符数，这时用户需要在文档中能看到适当的字符网格。

使用网格能够更精确地定位一个图形对象。虽然屏幕上并没有显示网格，但在绘制图形对象时，Word 2010自动将其与最近的网格交叉点对齐。若暂时不用网格设置，可在拖动或绘制图像时按住"Alt"键。

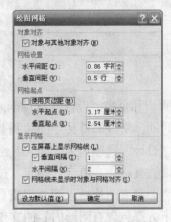

图5.7 "绘图网格"对话框

在文档中显示网格的方法是，单击"页面设置"对话框"文档网格"选项卡中的"绘图网格"按钮，从其弹出的菜单中选择"绘图网格"项，打开"绘图网格"对话框，如图5.7所示。

1. 要在屏幕上显示网格线，可选中"在屏幕上显示网格线"复选框。如果要在屏幕上同时显示左右网格线和上下网格线，则可以选中"垂直间隔"复选框，然后在"水平间隔"和"垂直间隔"文本框中设置网格间隔。

2. 在"网格设置"区的"水平间距"文本框中，设置左右网格线之间的距离；在"垂直间距"文本框中，设置上下网格线之间的距离。

3. 如果取消"使用页边距"复选框，可在"水平起点"和"垂直起点"文本框中指定网格的起点坐标。

提示 "水平间距"和"垂直间距"的度量值必须分别介于0.01～150.85字符和0.01～101.5行之间。为方便对图形的微量调整，一般输入较小的数值，如0.2、0.1甚至最小值0.05。这样，在进行图形的调整时，就很容易控制位置的移动和尺寸大小的缩放了。

5.2 页眉、页脚和页码

页眉和页脚通常用于显示文件的附加信息。例如页码、日期、作者名称、单位名称、徽标或章节名称等文字或图形。其中，页眉位于页面的顶部，而页脚位于页面的底部。可以给文档的每一页建立相同的页眉和页脚，也可在文档的不同部分使用不同的页眉和页脚，例如可以交替更换页眉和页脚，即在奇数页和偶数页上建立不同的页眉和页脚。

要在文档中添加页眉和页脚，文档视图必须先切换到页面视图方式，因为只有在页面视图和打印预览视图方式下才能看到页眉和页脚的效果。

5.2.1 设置页眉和页脚

设置页眉和页脚的操作步骤如下。

1. 单击"插入"选项卡下"页眉和页脚"组中的"页眉"按钮，在下拉菜单中给出几种页眉的样式供用户选择，若均不满意，则选择"编辑页眉"菜单命令。此时无论文件视图在哪种模式下，都将自动转换到"页面视图"模式下。同时，功能区将出现页眉和页脚"设计"选项卡，文档中出现一个页眉编辑区，如图5.8所示。

图5.8 页眉和页脚"设计"选项卡

使用页眉和页脚"设计"选项卡，可以方便地编辑页眉和页脚。可以在页眉、页脚中插入日期和时间、文件部件甚至图片和剪贴画。例如，若需要在页眉或页脚中插入日期，用户只需单击"设计"选项卡下"插入"组中的"日期和时间"按钮，在弹出的"日期和时间"对话框中设置其格式，单击"确定"按钮即可。如果要在文档中每一页都出现相同的图形或图片，应将图形或图片插入到页眉或页脚中，例如，制作具有公司徽标的文档、在每一页的文字内容下方都包含有图形内容的文件等。切换到页眉和页脚编辑模式后，单击"设计"选项卡下"插入"组中的"图片"菜单命令，插入一幅图片后，再调整图片的大小。

2. 刚打开"页眉和页脚"工具栏时，当前编辑区是页眉区。要进行页脚编辑，可单击"设计"选项卡下的"导航"组中的"转至页脚"按钮或直接单击"插入"选项卡下"页眉和页脚"组中的"页脚"按钮，在下拉菜单中选择"编辑页脚"菜单命令即可切换到页脚编辑区。

3. 单击"上一节"按钮和"下一节"按钮，将显示当前节的上一节或下一节的页眉或页脚。

4. 在页眉、页脚外双击或者单击"设计"选项卡下"关闭"组中的"关闭页眉和页脚"按钮，完成页眉或页脚的设置。

5.2.2 设置页面版式

使用上述方法，只能创建同一种类型的页眉或页脚，即全书每一页的页眉或页脚都完全相同。在一些出版物中，通常都需要在偶数页页眉和奇数页页眉上设置不同的文字，并且在每章的首页设置不同的页眉。此时可以单击"页面布局"选项卡下"页面设置"组的页面设置启动器按钮，在打开的"页面设置"对话框中选择"版式"选项卡，如图5.9所示。

在对话框的"页眉和页脚"选项组中选中"奇偶页不同"复选框，可以为文档的奇数页和偶数页指定不同的页眉或页脚；选中"首页不同"复选框，可在文档的第一页建立与其他页均不相同的页眉或页脚。单击"确定"按钮，返回文档。在页眉处双击，切换到页眉、页脚编辑模式，可以看到在页眉输入区的标题已经发生变化。如果建立首页页眉和页脚，则标题显示为"首页页眉"；如果选择了在奇数页或偶数页上建立页眉或页脚，那么标题就为"奇数页页眉"或"偶数页页眉"。

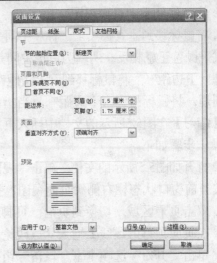

图5.9 "页面设置"对话框中"版式"选项卡

5.2.3 浏览、编辑和编排页眉或页脚

在文档中插入页眉或页脚后，用户可以浏览文档每一页的页眉或页脚。同时，要编辑和编排页眉或页脚，也必须先显示需要操作的页眉或页脚。浏览和编辑页眉或页脚的操作方法如下。

1. 单击"视图"选项卡下"文档视图"组中"页面视图"按钮或直接按当前窗口状态栏右侧的"页面视图"按钮，将文件视图模式切换到页面视图。

2. 双击页眉区域，切换到页眉、页脚编辑模式，打开页眉和页脚工具"设计"选项卡。

3. 对选定的页眉或页脚进行所需的修改。

需要注意的是在修改页眉或页脚时，Word 2010会自动对整个文档中相同的页眉或页脚进行修改。要单独修改文档中某部分的页眉或页脚，可将文档分成节并断开各节间的连接。

> **提示** 在页面视图下，只需双击页眉、页脚或变暗的文档文本，就可快速地在页眉或页脚与文档文本之间进行切换。

对页眉和页脚的修改除了页眉和页脚内容的修改外，还包括页眉和页脚水平位置和垂直位置的修改以及修改文本和页眉或页脚之间的距离。

调整页眉或页脚水平位置的操作方法如下：

1. 双击页眉区域，切换到页眉、页脚编辑模式。

2. 将鼠标移到需要调整的页眉或页脚上，此时采用前面讲述的浏览页眉或页脚的操作方法。

3. 单击"开始"选项卡下"字体"、"段落"或者"样式"组中的按钮来进行设置。

调整页眉或页脚的垂直位置的操作方法如下：

1. 双击页眉区域，切换到页眉、页脚编辑模式，打开"页眉和页脚"工具"设计"选项卡。

2. 将鼠标移到需要调整的页眉或页脚上。

3. 在"设计"选项卡下"位置"组中的"页眉距顶端距离"和"页脚距底端距离"右边的编辑框中输入数据即可。

修改文档文本与页眉或页脚的间距的操作比较简单，操作方法如下：

1. 使文件处于“页面视图”模式下。

2. 将鼠标移到垂直标尺上。标尺中间一段为白色，两端分别为暗灰色（在页眉、页脚编辑模式下颜色正好相反，两端为白色中间是暗灰色），白色和暗灰色的交界处分别为“上边距”和“下边距”。将鼠标移到“上边距”，当指针变为垂直双向箭头时，可将顶边上下移动。同理，将鼠标移到“下边距”，当指针变为垂直双向箭头时，可将底边上下移动。

【练习】在图5.5所示的文档中插入页眉，内容为“教改论文”，并设置文字为左对齐。

操作步骤如下。

1. 打开如图5.5所示的文档，单击“视图”选项卡下“文件视图”组中的“页面视图”按钮或按当前窗口状态栏右侧“页面视图”按钮，将文件视图模式切换到页面视图。

2. 双击页眉区域，切换到页眉、页脚编辑模式，此时功能区出现“设计”选项卡。

3. 在页面顶部的虚线上输入“教改论文”。

4. 单击“开始”选项卡下“段落”组中的“两端对齐”按钮，将文字设置为左对齐。

5. 单击“设计”选项卡下“关闭”组中的“关闭”按钮或者用鼠标左键双击变灰的正文，完成页眉的设置，效果如图5.10所示。

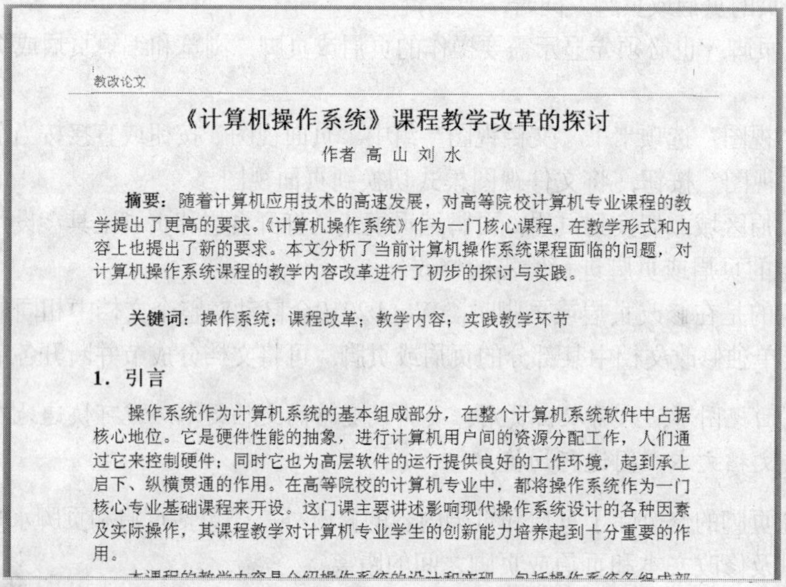

教改论文

《计算机操作系统》课程教学改革的探讨

作者 高 山 刘 水

摘要：随着计算机应用技术的高速发展，对高等院校计算机专业课程的教学提出了更高的要求。《计算机操作系统》作为一门核心课程，在教学形式和内容上也提出了新的要求。本文分析了当前计算机操作系统课程面临的问题，对计算机操作系统课程的教学内容改革进行了初步的探讨与实践。

关键词：操作系统；课程改革；教学内容；实践教学环节

1. 引言

操作系统作为计算机系统的基本组成部分，在整个计算机系统软件中占据核心地位。它是硬件性能的抽象，进行计算机用户间的资源分配工作，人们通过它来控制硬件；同时它也为高层软件的运行提供良好的工作环境，起到承上启下、纵横贯通的作用。在高等院校的计算机专业中，都将操作系统作为一门核心专业基础课程来开设。这门课主要讲述影响现代操作系统设计的各种因素及实际操作，其课程教学对计算机专业学生的创新能力培养起到十分重要的作用。

图5.10 在文档中添加页眉

5.2.4 删除页眉和页脚

删除页眉或页脚的方法很简单，操作步骤如下。

1. 单击“插入”选项卡下“页眉和页脚”组中的“页眉”（“页脚”）按钮，弹出下拉菜单。

2. 选择“删除页眉”（“删除页脚”）命令。

需要注意的是在删除一个页眉或页脚时，Word 2010会自动删除整个文档中同样的页眉或页脚。要删除文档中某个部分的页眉或页脚，可将文档分成节，然后断开各节的连接，再对页眉或页脚进行删除。

5.2.5　插入页码

页码就是给文档每页所编的号码，以便于读者阅读和查找。页码一般放在页眉或页脚中，当然，也可以放到文档的其他地方。

一、插入页码

插入页码的操作步骤如下。

1. 单击"插入"选项卡下"页眉和页脚"组中的"页码"按钮，弹出如图5.11所示的下拉菜单。

图5.11　"页码"按钮下的下拉菜单

2. 根据希望页码在文档中显示的位置，在图5.11所示的下拉菜单中进行相应的选择。

3. 从设计样式库中选择页码编号设计。样式库中包含"第X页，共Y页"选项。

添加页码后，可以像更改页眉或页脚中的文本一样更改页码，包括更改页码的格式、字体和大小。

若在样式库中未看见任何页码样式，请先执行以下操作：

1. 单击"插入"选项卡下"文本"组中的"文档部件"按钮。

2. 在弹出的下拉菜单中单击"域"命令，打开"域"对话框。

3. 在该对话框中的"请选择域"下面的"类别"下拉框中选择"全部"。

4. 在"域名"中选择"Page"。

5. 在"格式"中选择页码的格式，如图5.12所示。

6. 单击"确定"按钮，关闭"域"对话框，此时在页脚编辑区域中即可看到插入的页码。

7. 编辑"页码域"。即在域的前面加上字符"第"，域的后面加上"页"。此时页脚显示为"第×页"，选中此串，单击"开始"选项卡下"段落"组中的"居中"按钮，设置为居中对齐。

8. 选中编辑过的页码格式，单击"插入"选项卡下"页眉和页脚"组中的"页码"按钮，在下拉菜单中选择"页面底端"，在弹出的下拉菜单中选择"将所选内容另存为页码"。

此时，就将编辑过的页码格式插入到页码样式库中了，可以用同样的方法增加自己喜欢的各种页码样式。

二、更改页码的格式

1. 双击文档中某页的页眉或页脚，切换到页眉、页脚编辑模式，此时功能区出现"设计"选项卡。

2. 单击"设计"选项卡下"页眉和页脚"组中"页码"按钮，在弹出的下拉菜单中单击"设置页码格式"命令，弹出"页码格式"对话框，如图5.13所示。

3. 在"页码格式"对话框中的"编号格式"下拉列表框中选择所需的页码格式选项，在"页码编号"选项组中选择页码的编排方式，有两种编排方式：续前节和起始页码。

4. 单击"确定"按钮。

三、更改页码的字体和字号

1. 双击文档中某页的页眉或页脚。

图5.12　"域"对话框　　　　　　　　图5.13　"页码格式"对话框

2. 选择页码。

3. 在所选页码上方显示的微型工具栏上，请执行下列操作之一：

·要更改字体，请单击框中的字体名。

·要使字体更大，单击"增大字体"或按"Ctrl+Shift+>"组合键。

·要使字体更小，单击"缩小字体"或按"Ctrl+Shift+<"组合键。

当然也可以在"开始"选项卡下"字体"组中指定字号大小。

四、重新对页码进行编号

有时需要从文档中的某一页开始重新对页码进行编号，有以下两种方法。

方法1：使用不同的数字开始对页码进行编号。

例如，如果向带有页码的文档中添加封面，则原来的第1页将自动编为第2页，但希望文档从第1页开始。操作方法如下。

1. 定位到文档中需重新编码的页面。

2. 单击"设计"选项卡下"页眉和页脚"组中 "页码"按钮，在弹出的下拉菜单中单击"设置页码格式"命令，弹出"页码格式"对话框，参见图5.13所示。

3. 在"起始页码"框中输入所需的页码。

值得注意的是，如果文档有封面并且希望正文的第一页从1开始，需首先选中"设计"选项卡下"选项"组的"首页不同"复选框，然后在"页码格式"对话框的"起始页码"框中输入"0"。

方法2：从1开始重新对每章或每节的页码进行编号。

例如，可以将目录编为i到iv，将剩余部分编为1到25。如果文档包含多个章节，可能需要在每章中重新对页码进行编号。

1. 单击要重新开始对页码进行编号的节 。

2. 单击"设计"选项卡下"页眉和页脚"组中 "页码"按钮，在弹出的下拉菜单中单击"设置页码格式"命令，弹出"页码格式"对话框。

3. 在"起始页码"框中输入"1"。

五、删除页码

1. 定位到文档中需删除页码的页面。

2. 单击"设计"选项卡下"页眉和页脚"组中"页码"按钮，在弹出的下拉菜单中单击"删除页码"命令或直接手动删除页码。

> 提示　如果文档首页页码不同，或者奇偶页的页眉或页脚不同，或者有未链接的节，就必须从每个不同的页眉或页脚中删除页码。

5.3 边框和底纹

边框和底纹用于美化文档，同时也可以起到突出和醒目的作用，增加读者对文档不同部分的兴趣和注意程度。可以为页面、文本、表格和表格的单元格、图形对象、图片等设置边框。

一、页面边框

用户不仅可以为文件中每页的任意一边或所有边添加边框，更可以只为某节中的页面、首页或除首页以外的所有页面添加边框。Word 2010提供了多种线条样式和颜色以及各种图形边框的页面边框。

二、文字边框

可以通过添加边框来将部分文本与文档中的其他部分区分开来，也可以通过应用底纹来突出显示文本。

三、表格边框和底纹

用户可以为表格或表格中的某个单元格添加边框，或用底纹来填充表格的背景。也可以使用"表格"菜单中的"自动套用格式"命令来设置多种边框、字体和底纹，以使表格具有精美的外观。底纹只针对于文字。

5.3.1 文字、表格、图形边框

给文字加边框即是把用户认为重要的文本用边框围起来以起到提醒的作用。文字边框的设置操作步骤如下。

1. 选中需要加边框的文本、表格、图形。

2. 单击"页面布局"选项卡下"页面背景"组中的"页面边框"按钮，打开"边框和底纹"对话框，选中"边框"选项卡，如图5.14所示。

3. 从"设置"选项组的"无"、"方框"、"阴影"、"三维"和"自定义"5种类型中选择需要的边框类型。

4. 从"样式"列表框中选择边框框线的样式。

5. 从"颜色"下拉列表框中选择边框框线的背景色（这种背景是可以打印出来的）。

6. 从"宽度"下拉列表框中选择边框框线的线宽。

图5.14 "边框和底纹"对话框中的"边框"选项卡

7. 如果在"设置"选项组中选择的是"自定义"，则在"预览"框中还应该选择文本添加边框的位置。边框由4条边线组成，自定义边框可以由1~4条边线组成。

8. 单击"边框和底纹"对话框中的"确定"按钮。

> **提示**　若在"设置"选项组中选择的是"自定义"，则只能应用于"段落"，而不能应用于"文字"。

【练习】在图5.10所示的文档中添加"阴影"边框，其操作步骤如下。

1. 打开如图5.10所示的文档，选中摘要部分，单击"页面布局"选项卡"页面背景"组中"页面边框"按钮，在打开的"边框和底纹"对话框中，选中"边框"选项卡。

2. 在"设置"选项组中选择"阴影"样式，并设置线型等参数。

3. 单击"确定"按钮。

5.3.2　设置页面边框

Word 2010不仅可以给文字或段落添加边框，而且可以给页面添加边框。若要给页面添加边框，其操作步骤如下。

1. 单击"页面布局"选项卡下"页面背景"组中的"页面边框"按钮，打开"边框和底纹"对话框，并选中"页面边框"选项卡，如图5.15所示。

2. 该选项卡中的各项命令与"边框"选项卡中的命令基本相同，这里不再重复介绍。

3. 单击"选项"按钮，打开"边框和底纹选项"对话框，如图5.16所示。在对话框里设置页面边框距正文上、下、左、右的距离，单击"确定"按钮。

图5.15　"边框和底纹"对话框中的
　　　　"页面边框"选项卡

图5.16　"边框和底纹选项"对话框

5.3.3　添加底纹

可以通过添加底纹的办法给一段文本或表格添加打印背景色。给文字或表格添加底纹的操作方法如下。

1. 选定要添加底纹的文字或表格。

2. 单击"页面布局"选项卡下"页面背景"组中的"页面边框"按钮，在打开的"边框和底纹"对话框中选择"底纹"选项卡，如图5.17所示。

3. 在"填充"选项组中，可以为底纹选择填充色。

4. 在"预览"区的"应用于"下拉列表框中可以选择底纹格式应用的范围，有"文字"和"段落"两个选项可以选择。

5. 在"图案"选项组中，可以选择底纹的样式和颜色。在"样式"下拉列表框中选择所需图案样式。如果不需要图案，可以选中"样式"下拉列表框中的"清除"选项。

6. 如果需要在文档中插入装饰性线条，还可以单击"横线"按钮，打开"横线"对

图5.17 "边框和底纹"对话框"底纹"选项卡

话框，选中需要的线条后单击"确定"按钮即可。这种装饰性线条通常用在Web页面中，但是同样也可以插入到文档中。

7. 设置完毕，单击"确定"按钮，保存设置并退回。新设置的边框和底纹将应用于选中的项目。

要删除文字或表格底纹，首先需要选定这些文字或表格，然后单击"页面布局"选项卡"页面背景"组中的"页面边框"按钮，再选择"底纹"选项卡。在"填充"下拉列表框中选择"无填充颜色"即可。

【练习】在图5.10所示的文档中添加"阴影"边框后，再添加"橄榄色"底纹，其操作步骤如下。

1. 打开如图5.10所示的文档，选中摘要部分，单击"页面布局"选项卡"页面背景"组中的"页面边框"按钮，再选择"底纹"选项卡。

2. 在"填充"选项组选择"橄榄色"填充色。

3. 单击"确定"按钮。

完成操作后的效果如图5.18所示。

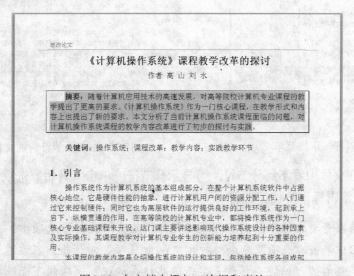

图5.18 在文档中添加"边框和底纹"

5.4　设置分节与分栏

5.4.1　设置文档分节

当用户使用正常模版编辑一个文档时，是将整篇文档作为一节对待的，但有时操作起来相当不便。如果把一个较长的文档分割成任意数量的节，就可以单独设置每节的格式和版式，从而使文档的排版和编辑更加灵活。

一、插入分节符

可以使用分节符来进行分节，分节符是在节的结尾插入的标记。插入分节符的操作步骤如下。

1. 将鼠标放置到需要加入分节符的位置。

2. 单击"页面布局"选项卡下"页面设置"组中的"分隔符"按钮，打开如图5.19所示的下拉菜单。

3. 在"分节符"选项组中选择分节符的类型，共有4种分节符的类型，其作用如下：

·下一页：在当前插入点处插入一个分节符，强制分页，新节从下一页开始。

·连续：在当前插入点处插入一个分节符，不强制分页，新节从本页下一行开始。

·偶数页：在当前插入点处插入一个分节符，强制分页，新节从下一个偶数页开始。

·奇数页：在当前插入点处插入一个分节符，强制分页，新节从下一个奇数页开始。

图5.20所示的文档就是选择了"连续"分节符后的效果。

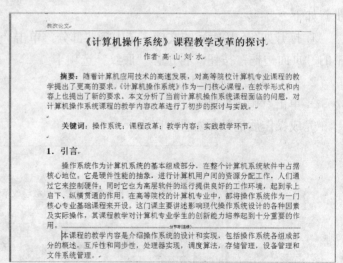

图5.19　"分隔符"下拉菜单　　　　　　　图5.20　添加分节符后的文档

如果用户在文件中看不到分节符，可显示分节符：单击"开始"选项卡下"段落"组中的"显示/隐藏编辑标记"按钮即可。

提示　如果需要查看文档中的所有格式标记，请单击"文件"选项卡，在打开的文件管理中心中单击"选项"命令，打开"Word选项"对话框，在左边列表中选中"显示"，在右边"始终在屏幕上显示这些格式标记"选项组下面选中"显示所有格式标记"复选框，就可以看到所有的格式标记了。

二、删除分节符

如果需要删除分节符，首先选中要删除的分节符，按"Delete"键即可。

需要注意的是在删除分节符的同时，也将删除该分节符前面文本的分节格式。该文本将变成下一节的一部分，并采用下一节的格式。

三、分节后的页面设置

分节后，可以根据需要只为应用于该节的页面进行设置。由于在没有分节前，Word 2010自动将整篇文档视为一节，故文档中的节的页面设置与在整篇文档中的页面设置相同。只是注意要将"应用于"后面的下拉列表框中选择为"本节"。

5.4.2 创建版面的分栏

在日常文档处理中，常常需要使用分栏。翻开各种报纸杂志，分栏版面随处可见。在Word 2010中可以很容易地设置分栏，还可以在不同节中有不同的栏数和格式。

创建版面的分栏操作方法如下。

1. 选中需要分栏的文本。

2. 单击"页面布局"选项卡下"页面设置"组中的"分栏"按钮，弹出"分栏"下拉菜单，如图5.21所示。如果需要进一步的设置，请单击"更多分栏"命令，打开"分栏"对话框，如图5.22所示。

图5.21 "分栏"下拉菜单

图5.22 "分栏"对话框

3. 在对话框的"预设"选项组中选择分栏的格式。有"一栏"、"两栏"、"三栏"、"左"和"右"5种分栏格式可供选择。

4. 如果对"预设"中的分栏格式不满意，可以在"栏数"文本框中输入所要分割的栏数。输入栏的数目在1～11之间。

5. 在"宽度和间距"选项组中可以设置各栏的宽度和间距。

6. 如果要使各栏宽度相等，选中"栏宽相等"复选框。

7. 如果要在各栏之间加入分隔线，选中"分隔线"复选框。

8. 在"应用于"下拉列表框中选择分栏的范围。可以是"本节"、"整篇文档"或"插入点之后"。

9. 完成设置后，单中"确定"按钮，关闭"分栏"对话框，这时在页面视图中可以看到文档的分栏情况。

5.4.3 制作跨栏标题

如果希望文章标题位于所有各栏的上面，标题本身不分栏，这就需要对文档进行分节处理。

在文档中，每个节都可以设置不同的栏数。现在只要将标题单独作为一节，该节只设置1栏（也就是标题不分栏），即可产生跨栏标题。其操作方法很简单。

1. 将鼠标移至标题下面正文的第一个字前，单击"页面布局"选项卡下的"页面设置"组中的"分隔符"按钮，在弹出的下拉菜单中选择"连续"命令，这时在标题和正文之间插入一个分节符。

2. 单击"页面布局"选项卡下"页面设置"组中的"分栏"按钮，可以根据需要直接使用下拉菜单中的分栏形式完成分栏；或者选择"更多分栏"命令，打开"分栏"对话框，在"预设"选项组中选择分栏的格式，或者自己设置分栏的格式，然后单击"确定"按钮，退出该对话框，这时在页面视图中就可以看到使用跨栏标题的效果了。

如果在分栏的过程中，已经连标题也一起分栏了，这时可以选取标题中的文字，单击"页面布局"选项卡下"页面设置"组中的"分栏"按钮，在下拉菜单中选择"一栏"即可。

5.4.4 平衡各栏文字长度

细心的用户可能已经发现，在前面的分栏操作中，分栏后的页面各栏长度并不一致，这样版面显得很不美观。此时，用户只需要把鼠标移到需要平衡栏的文档结尾处，在栏的最后一个字符后面插入一个连续的分节符就可以得到等长栏的效果。

另外，若要为文件中的文字实行纵横页面混排，如果文档是横向的，则先选定需要改成纵向的页面，单击"页面布局"选项卡下"页面设置"组中的"纸张方向"按钮，单击其下拉菜单中的"纵向"命令，或单击"页面布局"选项卡下"页面设置"组中右下角的页面设置启动器按钮，在"页面设置"对话框的"页边距"选项卡下"纸张方向"选项组中，单击"纵向"选项，在"应用于"下拉列表框中，选中"本节"选项，即可将选定文字排为纵向。

5.5 使用中文版式

为了使Word 2010中文版更符合中国人的使用习惯，开发人员还特意增加了中文版式的功能。单击"开始"选项卡下"段落"组中的"中文版式" 按钮，弹出下拉菜单，如图5.23所示，其中提供了5个命令，分别为：纵横混排、合并字符、双行合一、调整宽度、字符缩放。此外在"开始"选项卡下"字体"组中还有"带圈字符"、"拼音指南"两个按钮。

图5.23 "中文版式"下拉菜单

5.5.1 为汉字添加拼音

利用"拼音指南"功能，可在中文字符上标注汉语拼音。如果安装了Microsoft中文输入法3.0或后续版本，则汉语拼音就会自动标记在选定的中文字符上。

一、为文字添加拼音

1. 选定要为其添加拼音指南的文字，如"添加拼音"，一次最多只能选定30个字符。

2. 单击"开始"选项卡下"字体"组中"拼音指南"按钮变，打开"拼音指南"对话框，如图5.24所示。

3. 在"拼音文字"框中，自动给所选文字添加拼音指南，用户也可进行修改。

4. 请执行下列任意操作：

· 若要更改字体或字体大小，请在"字体"或"字号"框中选择所需选项。

· 若要更改对齐方式，请在"对齐方式"框中选择所需选项。

· 若要更改对基准文字偏移量，请在"偏移量"框中选择所需的距离。

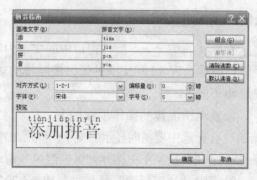

图5.24 "拼音指南"对话框

· 单击"组合"按钮，可以让分开标注拼音的单字组合成一个词组，标注的拼音也相应地产生组合。

· 单击"单字"按钮，可以拆散组合在一起的词组，使词组分解成单字分别标注拼音。

· 单击"默认读音"，可以使用系统提供的拼音，也可以把修改后的拼音恢复为系统默认的拼音。

· 在"预览"框中可以看到设置拼音后的效果。

二、修改拼音指南

1. 选中添加了拼音指南的文字。

2. 单击"开始"选项卡下"字体"组中"拼音指南"按钮变，打开"拼音指南"对话框。

3. 在"基准文字"文本框中可以改变被标注拼音的字符；在"拼音文字"中可对文字拼音进行修改。

三、删除拼音指南

1. 选中添加了拼音指南的文字。

2. 单击"开始"选项卡下"字体"组中"拼音指南"按钮变，打开"拼音指南"对话框

3. 单击"清除读数"按钮即可。

> **提示** 在添加或删除拼音指南时，为选中的文字应用的字符格式会发生变化。可以在应用拼音指南之后设置字符格式。如果为带有拼音指南的文字应用格式（例如加粗），则指南也将带有与文字相同的格式。

5.5.2 插入带圈字符

所谓带圈文字就是给单字加上格式边框。有时为了某种需要，需要为字符添加一个圆圈或者菱形等图形。设置带圈字符功能的操作步骤如下。

1. 选中需要设置带圈的字符，单击"开始"选项卡下"字体"组中"带圈字符" ㋲按钮，弹出"带圈字符"对话框，如图5.25所示。

2. 在"样式"选项组中选择圆圈的大小。

3. 在"文字"文本框中修改被圈的文字，在其下方的列表框中列出了常用的字符可供用户选择。

4. 在"圈号"列表框中选择圆圈的形状。

5. 单击"确定"按钮。

5.5.3 纵横混排

在默认的情况下，文件窗口中的文本内容都是横向排列的，有时出于某种需要必须使文字纵横混排。Word 2010提供了纵横混排的功能，它将使横向排列的文本在原有的基础上向左旋转90度。

设置纵横混排的操作步骤如下。

1. 首先选中要横向显示的文字，然后单击"开始"选项卡下"段落"组中的"中文版式"按钮，在下拉菜单中选择"纵横混排"命令，打开"纵横混排"对话框，如图5.26所示。

2. 选中"适应行宽"复选框，Word 2010将自动调整文本行的宽度。

3. 单击"确定"按钮，将选中的文字向左旋转90度，但文字的格式需要另外设置。

如果需要删除纵横混排的效果，首先选中这些文本，然后打开"纵横混排"对话框，单击"删除"按钮即可。

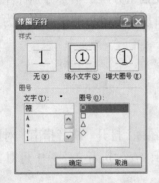

图5.25　"带圈字符"对话框

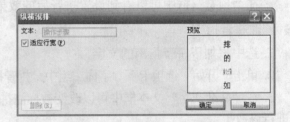

图5.26　"纵横混排"对话框

5.5.4 合并字符

合并字符，顾名思义就是把几个字符组合成一个字符。Word 2010提供了合并字符的功能，最多可将6个字符分两行进行组合，选择适当的字体和字号，即可组合出新的符号。灵活应用多次组合嵌套，就可以组合出绝大多数复杂符号，如化学分子式和反应表达式。

合并字符的操作步骤如下。

1. 选择要合并的字符，也可以不选择字符，单击"开始"选项卡下"段落"组中"中文版式"按钮，在弹出的下拉菜单中选择"合并字符"命令，弹出"合并字符"对话框，如图5.27所示。

2. 选定的字符出现在"文字"文本框中，在右边预览框中显示合并字符的效果。如果原来没有选定字符，可在"文字"文本框中输入要合并的字符。

3. 选择合并字符的字体和字号。

4. 单击"确定"按钮即可。

如果合并的是3个字符，则将它们错开合并。

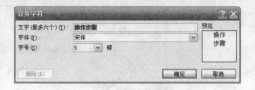

图5.27　"合并字符"对话框

如果要删除合并字符的格式，请先选中要删除的合并字符，再单击"合并字符"对话框中"删除"按钮即可。

5.5.5　双行合一

在编排文档过程中，可以设置双行合一的效果。该效果能使所选的位于同一文本行中的内容平均地分为两部分，前一部分排列在后一部分的上方，还可以给双行合一的文本添加不同类型的括号。

设置双行合一的操作步骤如下。

1. 选中需要设置的文本，单击"开始"选项卡下"段落"组中"中文版式"按钮，在弹出的下拉菜单中选择"双行合一"命令，弹出"双行合一"对话框，如图5.28所示。

2. 选定的文本出现在"文字"文本框中，在下方预览框中显示双行合一的效果。如果原来没有选定字符，可在"文字"文本框中输入。

3. 选中"带括号"复选框后，在右侧的"括号样式"下拉列表框中可以选择为双行合一的文本添加不同类型的括号。

4. 单击"确定"按钮。

设置双行合一的文本只能是位于同一文本行的内容，如果用户选择多行文本，那么只有首行文本可以设置为双行合一。

可以删除双行合一的文本效果。首先选中这些文本，然后打开"双行合一"对话框，单击"删除"按钮即可。

【练习】将图5.10所示的文档中"作者"文本的字号设置为3号，将"高山刘水"文本设置为双行合一，操作步骤如下。

1. 打开如图5.10所示的文档，选中"作者"文本单击"格式"工具栏上的字号下拉列表框，选中"三号"。

2. 选中"高山刘水"文本，单击"开始"选项卡下"段落"组中"中文版式"按钮，在下拉菜单中选择"双行合一"菜单命令，弹出"双行合一"对话框。

3. 单击"确定"按钮，效果如图5.29所示。

5.5.6　简体中文和繁体中文之间的转换

在默认的情况下，文件窗口中的文本都是简体中文，若需要将其转换为繁体中文，执行下列操作。

1. 选定需要转换的文字。如果没有选定任何文字，则将转换整篇文档。

2. 单击"审阅"选项卡下"中文简繁转换"组中"简繁转换"按钮（或者直接使用"繁转简"按钮、"简转繁"按钮），弹出如图5.30所示的"中文简繁转换"对话框。

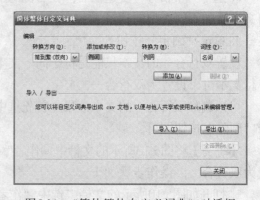

图5.28　"双行合一"对话框　　　　　图5.29　设置双行合一效果图

3. 在"转换方向"下，单击"繁体中文转换为简体中文"或"简体中文转换为繁体中文"单选项。若要转换同一单词级别的词汇，例如单词"计算机"，请选中"转换常用词汇"复选框。有些繁体字符是异体字，不是简体中文中的标准字，它们只适合在一些特定地区使用。若要使用异体字以便让转换后的繁体文字更具可读性，可选中"使用港澳台地区的异体字"复选框。单击"自定义词典"按钮，可以打开如图5.31所示"简体繁体自定义词典"对话框，在这里可以自定义简体、繁体字符的对应关系。

图5.30　"中文简繁转换"对话框　　　　图5.31　"简体繁体自定义词典"对话框

5.5.7　调整宽度和字符缩放

若要调整文字所占的宽度，可以选中该文字后单击"开始"选项卡下"段落"组中"中文版式"按钮，在下拉菜单中选择"调整宽度"命令，打开"调整宽度"对话框，如图5.32所示，在"新文字宽度"中输入宽度，单位为"字符"。

调整宽度功能并不对文字进行缩放，而字符缩放功能则是通过对文字进行缩放来调整字符所占的宽度。选中需要进行缩放的字符后，单击"开始"选项卡下"段落"组中"中文版式"按钮，在下拉菜单中指向"字符缩放"命令，然后再选择缩放比例即可。

图5.32　"调整宽度"对话框

5.6 设置文档背景和水印

给文档添加丰富多彩的背景，可以使文档更加生动和美观。Word 2010提供了强大的背景功能，可以使用一个图片作为文件背景，也可以给文本加上织物状的底纹，背景的颜色可以任意调剂，还可以制作出水印的背景效果。

在预设情况下，背景在打印文档时并不会被打印出来。如果要打印背景色和图像，单击"文件"选项卡，在打开的文件管理中心中单击"选项"命令，在弹出的"Word选项"对话框中选择"显示"，在"打印选项"中选择"打印背景色和图像"。

5.6.1 设置或删除文档背景

Word 2010提供了40余种现成的颜色，用户可以选择这些颜色作为文档背景，也可以自己调制颜色作为背景。

一、设置文档背景

为文档设置背景颜色的操作步骤如下。

单击"页面布局"选项卡下"页面背景"组中"页面颜色"按钮，打开如图5.33所示的调色板。鼠标在颜色上滑动时可以在文档中预览应用此颜色的效果。单击要作为背景的颜色，Word 2010将把该颜色作为纯色背景应用到文档的所有页面上。

用户如果对现有的颜色不满意，可选择"其他颜色"，在打开的"颜色"对话框中单击"标准"选项卡，弹出如图5.34所示的对话框。在"颜色"区单击选中的颜色即可将该颜色设置为"新增"的背景颜色，"当前"颜色则显示原来的背景颜色。单击"自定义"选项卡，弹出如图5.35所示的对话框。用户可以在色块中拖动鼠标来选择所需的背景颜色，也可以在"颜色模式"下拉列表框中选择色彩模式。如果选择了"RGB"颜色模式，则可以通过在"红"、"绿"、"蓝"文本框中输入数值来创建自己满意的颜色；如果选择了"HSL"模式，则可以通过"色调"、"饱和度"、"亮度"来创建颜色。

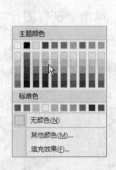
图5.33 "主题颜色"调色板

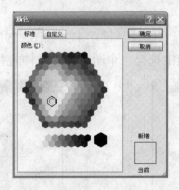
图5.34 "标准"选项卡

图5.35 "自定义"选项卡

二、删除文档背景

如果用户不需要背景颜色了，可以非常方便地删除文档的背景颜色。方法为：单击"页面布局"选项卡下"页面背景"组中"页面颜色"按钮，在"主题颜色"调色板中单击"无颜色"即可，参见图5.33。

5.6.2 设置填充效果

如果用户感觉一种背景色太单调，可以选择Word 2010提供的其他多种文档背景效果，例如：渐变背景效果、纹理背景效果以及图片背景效果等，通过选择不同的选项卡，可得到更为丰富多彩的背景图案。

要设置背景填充效果，可以单击"页面布局"选项卡下"页面背景"组中的"页面颜色"按钮，在弹出的下拉菜单中选择"填充效果"命令，打开的"填充效果"对话框，如图5.36所示。系统在默认状态下打开的是"渐变"选项卡。

在"渐变"选项卡的"颜色"选项组中，用户可以通过选择"单色"或"双色"单选按钮来创建不同类型的渐变效果，然后在"底纹样式"选项组中选择渐变的样式。

在"填充效果"对话框中选择"纹理"选项卡，如图5.37所示，用户可以在"纹理"选项中，选择一种作为文档页面的背景纹理。

图5.36　"渐变"选项卡

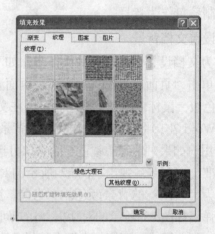

图5.37　"纹理"选项卡

在"填充效果"对话框中选择"图案"选项卡，如图5.38所示。在"图案"选项组中选择一种基准图案，并在"前景"和"背景"下拉列表框中选择图案的前景和背景，也可为文档页面指定一种背景图案。

在"填充效果"对话框中选择"图片"选项卡，如图5.39所示，单击"选择图片"按钮，在打开的"选择图片"对话框中选择一个图片作为文件的背景。

图5.38　"图案"选项卡

图5.39　"图片"选项卡

5.6.3 设置水印

水印是一种特殊的背景，是指印在页面上的一种透明的花纹，它可以是一幅画、一个图表或一种艺术字体。当用户在页面上创建水印后，它在页面上是以灰色显示的，并成为正文的背景，从而起到美化文档的作用。用户可以使用Word 2010内置的水印，也可以轻松地设置自己喜欢的水印。既可以在一个新文档中添加水印，也可以在已存在的文档中添加水印。系统默认的设置是无水印状态。

下面以设置文字水印为例介绍设置水印的操作方法。

1. 单击“页面布局”选项卡下“页面背景”组中“水印”按钮，在下拉菜单中选择“自定义水印”命令，打开“水印”对话框，如图5.40所示。

图5.40 “水印”对话框

2. 选中“文字水印”单选按钮，在“文字”下拉列表中选择需要的水印方案，例如选择“保密”。如果内置的水印方案不能满足需要，可在“文字”编辑框中直接输入自定义的水印文本，如“入门与实例教程”。

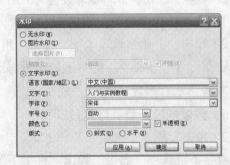

3. 利用“字号”、“字号”、“颜色”下拉列表框为水印文字设置字体、字号与颜色。

4. 在“版式”选项区选择水印文字方向，例如，选择“斜式”。

5. 单击“确定”按钮，完成水印的设置。

提示 用户若希望以图片作为文档的水印，可在“水印”对话框中选择“图片水印”，单击“选择图片”按钮，在弹出的“插入图片”对话框中可选择需要的水印背景。

在文档中添加水印后，如果对所设置的水印效果不满意，可以很方便地进行删除。单击“页面布局”选项卡下“页面背景”组中“水印”按钮，在下拉菜单中选择“删除水印”命令，或者重新打开“水印”对话框，在其中选择“无水印”也可删除水印。

【动手实验】将图5.41所示的文档排版成为图5.42所示的样式。

如何在教学过程中培养学生的创新能力

徐青燕 王相琪 徐安迪

21 世纪是知识经济的时代，谁掌握有新的技术，谁就会走在世界的前列。21 世纪也将是知识和技术竞争的时代，是人才竞争的时代。而人才的竞争说到底又是创新能力的竞争。“创新能力是一个民族进步的灵魂，是国家兴旺发达的不竭动力。”因此，如何承担起实施素质教育，培养高素质创新型人才的重任，是摆在每一个教育工作者，尤其是我们高校教师面前的一个重要课题。

首先，要充分认识到传统的教学观在学生创新能力培养中产生的一系列弊端。所谓传统的教学观，可以归纳为“教材为中心，课堂为中心，教师为中心”的“三中心”教学观。这种“三中心”教学观，是适应传统的“应试教育”需要而形成和发展的。它不利于因材施教，不利于学生个性特征的发展，更不利于学生创新能力和开拓精神的培养。

我作为一名在教学第一线工作的教师，结合自己多年来的教学实践，在此就教学过程中如何培养学生的创新能力谈几点浅显的想法。

首先，要改变传统教学过程中的以“教材为中心”的思想。所谓“教材为中心”，往往把一本教科书当作教材的全部，教科书即等于教材，而且不论是基础课，还是专业课，都有一大批“统编教材”，教材内容不仅高度统一，而且由于出版周期长等某些原因，很多教材存在着知识滞后，老化等现象，这点对我们计算机专业来说尤为突出。因此，我在教学过程中，在教材方面，注意区分“教科书”和“教材”的

图5.41 待排版的文档

计算机论坛 1/3

如何在教学过程中培养学生的创新能力

徐青燕

21 世纪是知识经济的时代，谁掌握有新的技术，谁就会走在世界的前列。21 世纪也将是知识和技术竞争的时代，是人才竞争的时代。而人才的竞争说到底又是创新能力的竞争。“创新能力是一个民族进步的灵魂，是国家兴旺发达的不竭动力。”因此，如何承担起实施素质教育，培养高素质创新型人才的重任，是摆在每一个教育工作者，尤其是我们高校教师面前的一个重要课题。

首先，要充分认识到传统的教学观在学生创新能力培养中产生的一系列弊端。所谓传统的教学观，可以归纳为“教材为中心，课堂为中心，教师为中心”的“三中心”教学观。这种“三中心”教学观，是适应传统的“应试教育”需要而形成和发展的。它不利于因材施教，不利于学生个性特征的发展，更不利于学生创新能力和开拓精神的培养。

我作为一名在教学第一线工作的教师，结合自己多年来的教学实践，在此就教学过程中如何培养学生的创新能力谈几点浅显的想法。

首先，要改变传统教学过程中的以“教材为中心”的思想。所谓“教材为中心”，往往把一本教科书当作教材的全部，教科书即等于教材，而且不论是基础课，还是专业课，都有一大批“统编教材”，教材内容不仅高度统一，而且由于出版周期长等某些原因，很多教材存在着知识滞后，老化等现象，这点对我们计算机专业来说尤

图5.42 排版完成后的文档

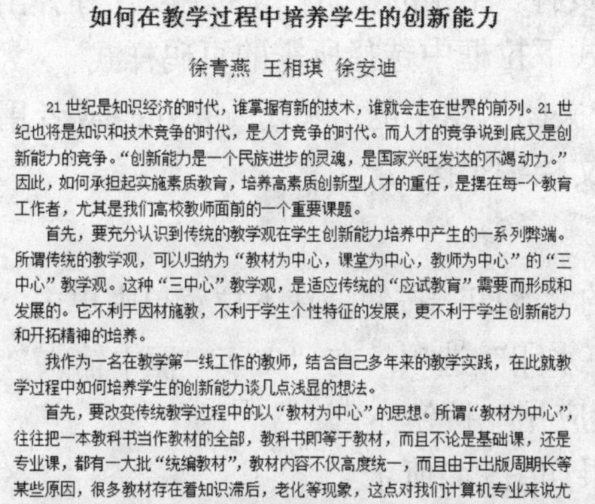

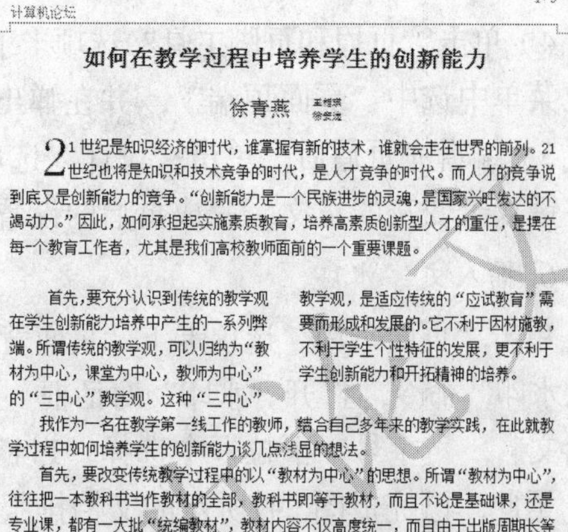

对文档进行排版的操作步骤如下。

1. 设置页边距和纸张方向。

单击"页面布局"选项卡下"页面设置"组中的"页边距"按钮，在弹出的下拉菜单中单击"自定义边距"命令，打开"页面设置"对话框。在"页边距"区的"上"框中输入"2.40厘米"，"下"框中输入"2.40厘米"，"装订线"框中输入"1厘米"，"装订线位置"框中选择"左"，单击"确定"即可。

2. 将第二作者和第三作者设置为双行合一格式。

1）选中作者中的"王相琪 徐安迪"，并删除其中的空格。

2）单击"开始"选项卡下"段落"组中的"中文版式"按钮✕·，在弹出的下拉菜单中单击"双行合一"命令，把"王相琪 徐安迪"合并为一行。

3. 将第一自然段的首字下沉。

1）将鼠标置于第一自然段。

2）单击"插入"选项卡下"文本"组中的"首字下沉"▤按钮，在弹出的下拉菜单中单击"首字下沉选项"命令，弹出"首字下沉"对话框，选中"下沉"选项。

3）在"选项"区的"字体"框中选择"宋体"，"下沉行数"框中输入"2"，"距正文"框中输入"0厘米"。

4）单击"确定"按钮。

4. 进行分栏设置。

1）选中文档中的第二自然段。

2）单击"页面布局"选项卡下"页面设置"组中的"分栏"按钮▤，在下拉菜单中选择"两栏"。

5. 添加页眉和页脚。

1）单击"插入"选项卡下"页眉和页脚"组中的"页眉"按钮▤，在弹出的下拉菜单中单击"编辑页眉"命令，切换成页眉编辑模式。

2）在页面顶部的虚线上输入"计算机论坛"。

3）单击"开始"选项卡下"段落"组中的"文本左对齐"按钮▤，将文字设置为左对齐。

4）单击"页眉和页脚工具"选项卡下"页眉和页脚"组中的"页码"按钮▤，在弹出的下拉菜单中选中"页面顶端"，并在弹出的页码样式下拉框中选择所需的页码样式。

5）编辑完页眉后，单击"设计"选项卡下的"关闭"组中的"关闭"按钮，或者用鼠标左键双击变灰的正文，完成页眉的设置，返回到文档编辑区。

6. 插入文字水印。

单击"页面布局"选项卡下"页面背景"组中的"水印"按钮，在下拉菜单中单击"自定义水印"命令，打开"水印"对话框。选中"文字水印"选项，在"文字"框中输入"教改论文"，"字号"下拉框中选择"144"。单击"应用"按钮。

至此，已完成图5.41所示的文档排版，最终效果如图5.42所示。

第6章　文档的保护与打印

6.1　防止文档内容的丢失

文档编辑完之后，在关闭文档之前，要先保存文档。但当编辑一个较大文档时，通常需要在编辑的过程中，经常地保存文档，以防止因操作不当，造成文档内容的丢失。

6.1.1　自动备份文档

为了使文档内容更加安全，在使用文档时，应定期进行保存，以确保在存储的文档中包括最新更改，这样，在断电或计算机发生故障时，不会丢失文档内容。Word 2010提供了文档自动备份功能，可以根据用户设定的自动保存时间自动保存文档。具体操作方法如下。

1. 单击"文件"选项卡，在打开的文件管理中心中单击"选项"命令，打开"Word选项"对话框，如图6.1所示。

2. 单击对话框左侧的"保存"选项，在右边的"保存文档"组中单击"将文件保存为此格式"下拉框，选中自动保存文档的版本格式。

3. 选中"保存自动恢复信息时间间隔"复选框，并设置自动恢复信息时间间隔，系统默认时间为10分钟。

4. 选中"如果我没保存就关闭，请保留上次自动保留的文件"复选框。

5. 设置自动恢复文件位置及默认文件位置。

6. 单击"确定"按钮。

图6.1　"Word选项"对话框

通过上述操作Word将会自动保存文档的备份，该备份提供了上一次所保存的文档副本，这样，原文档中会保存有当前所保存的信息，而副本中会保存有上次所保存的信息。每次保存文档时，新的备份都会取代已有的备份。这样就不必担心因误操作保存了不需要的信息或未保存就关闭了文档，保留备份可使工作成果免受损失。

6.1.2 为文档保存不同版本

Word 2010提供了将同一个文档保存为不同版本的功能，文档可以保存为Word 2007-Word 2010文档格式、Word 97-Word 2003文档格式，或直接另存为PDF或XPS文档格式。这样可以很方便地在不同的Word版本下编辑、浏览文档。

单击"文件"选项卡，在打开的文件管理中心中单击"另存为"命令，在打开的"另存为"对话框中选择文档的"保存路径"；在"文件名"文本框中输入文件的保存名称；在"保存类型"下拉列表中选择文件的保存类型。

6.2 保护文档的安全

Word 2010提供了加密文档、限制权限等保证文档安全性的功能，能够有效地防止文档被他人擅自修改和打开。

6.2.1 防止他人擅自修改文档

Word 2010提供了各种保护措施来防止他人擅自修改文档，从而保证文档的安全性。

单击"文件"选项卡，在打开的文件管理中心中单击"信息"选项，在右侧窗口中单击"保护文档"按钮，打开用于控制文件使用权限的"保护文档"下拉菜单，如图6.2所示。各菜单命令功能介绍如下。

1．"标记为最终状态"命令：将文档标记为最终状态，使得其他用户知晓该文档是最终版本。该设置将文档标记为只读，不能额外进行输入、编辑、校对或修订操作。注意该设置只是建议项，其他用户可以删除"标记为最终状态"设置。因此，这种轻微保护应与其他更可靠的保护方式结合使用才更有意义。

2．"用密码进行加密"命令：需要使用密码才能打开此文档，具体内容在后面的内容中介绍。

3．"限制编辑"命令：控制其他用户可以对此文档所做的更改类型。单击该命令弹出"限制格式和编辑"窗格，如图6.3所示。

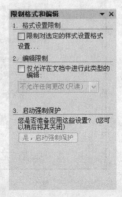

图6.2　"保护文档"下拉菜单　　　　　图6.3　"限制格式和编辑"窗格

1）格式设置限制

要限制对某种样式设置格式，请选中"限制对选定的样式设置格式"复选框，然后单击"设置"选项，弹出"格式设置限制"对话框，如图6.4所示。

"格式设置限制"对话框提供以下选项。

· 当前允许使用的样式：可选中允许的样式。注意，无法拒绝对"正文"样式的访问。

· 推荐的样式：如果列表中包含的样式太多，可以单击"推荐的样式"，然后根据需要添加或删除样式。

图6.4 "格式设置限制"对话框

· 无：如果样式列表的范围太广，则选择"无"，然后只选中允许的样式。

· 全部：如果样式列表的范围太窄，则选则"全部"，然后取消选中不允许的样式复选框。

· 允许自动套用格式替代格式设置限制：如果自动套用格式的规则和实践能满足文档要求，则选中该选项。

· 阻止主题或方案切换：选择该选项限制对当前应用的主题或方案设置格式。

· 阻止快速样式集切换：选择该选项以便只使用当前文档和模板中的样式定义。

设置完成后，单击"确定"按钮，弹出如图6.5所示的消息框。如果要删除不允许的样式或格式，请单击"是"按钮。注意在删除样式后，文本会使用"正文"进行重新格式化。

2）编辑限制

要对文档进行编辑限制，请选中"仅允许在文档中进行此类型的编辑"复选框，然后单击其下拉框按钮，在弹出的下拉菜单中进行限制选项的选择，如图6.6所示。

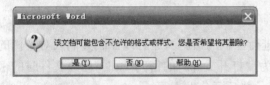

图6.5 确定是否删除的消息框

图6.6 "编辑限制"下拉菜单

"编辑限制"下拉菜单提供以下选项：

· 不允许任何更改（只读）：可以保护文档或部分文档不被更改，可以针对不同用户设置不同的例外项。例如，有一个由某一小组编写的文档，希望小组中的每个成员都能编辑各自完成的部分，但不能编辑别人完成的内容，同时希望管理的是同一个文档。

解决方案是为每个人创建特定的文档部分，使整个文档变为只读，但为每个人指定例外项，以便每个人根据需要修改。

当在"编辑限制"下拉菜单中选择"不允许任何更改（只读）"选项时，会弹出"例外项"选项，如图6.7所示。

要设置例外项，请选定允许某个人（或所有人）更改的文档，可以选取文档的任何部分。如果要将例外项用于每一个人，请单击"例外项"菜单中的"每个人"前的复选框。要针对某人设置例外项，若在"每个人"下拉框中已经列出某人，则选中该人即可；若没有列出，则单击"更多用户"选项，弹出"添加用户"对话框，如图6.8所示，在其中输入用户的ID或电子邮件，单击"确定"按钮。

·批注：这种保护只允许对文档进行批注。可以针对每个人或特定的人（利用例外项）设置。

·修订：这种保护只允许对文档进行修订。可以查看修订人、更改的内容和时间，这是控制修订过程中的一项重要功能。

·填写窗体：这种保护允许填写窗体域或内容控件。

3）启动强制保护

单击"启动强制保护"选项下的"是，启动强制保护"按钮，弹出"启动强制保护"对话框，如图6.9所示。可以通过设置密码的方式来保护格式设置限制。

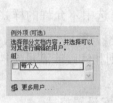  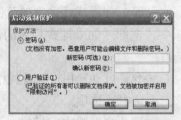

图6.7　"例外项"选项　　　　图6.8　"添加用户"对话框　　　图6.9　"启动强制保护"对话框

提示　"限制格式和编辑"窗格也可以通过单击"审阅"选项卡下的"保护"组中的"限制编辑"按钮打开。

4. "按人员限制权限"命令：授予用户访问权限，同时限制其编辑、复制和打印能力。

5. "添加数字签名"命令：通过添加不可见的数字签名来确保文档的完整性。

6.2.2　防止他人打开文档

Word 2010还提供了通过设置密码对文档进行保护的措施，这可以控制其他人对文档的访问，或防止未经授权的查阅和修改。密码分为"打开文件时的密码"和"修改文件时的密码"，它是由一组字母加上数字的字符串组成，并且区分大小写。

记下所设密码并把它存放到安全的地方十分重要，如果忘记了打开文件时的密码，就不能再打开这个文档了。如果用户记住了打开文件时的密码，但忘记了修改文件时的密码，则可以以只读方式打开该文档，此时用户仍可以对该文档进行修改，但必须用另一个文件名保存。也就是说，原文档不能被修改。设置文档保护密码有两种方式。

一、在保存文档时设置文档保护密码

具体操作方法如下：

1. 单击"文件"选项卡，在打开的文件管理中心中单击"另存为"命令，打开"另存为"对话框，如图6.10所示。单击对话框左下角的"工具"选项，在打开的"工具"下拉菜单中，单击其中的"常规选项"命令，弹出"常规选项"对话框，如图6.11所示。

2. 在"打开文件时的密码"框中输入一个限制打开文档的密码。密码的形式以"*"号显示。

3. 在"修改文件时的密码"框中输入一个限制修改文档的密码。

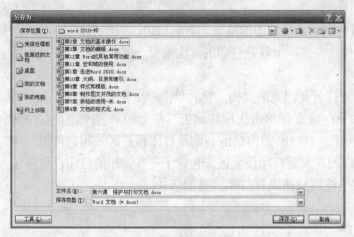

图6.10 "另存为"对话框

图6.11 "常规选项"对话框

4. 单击"确定"按钮,在随后打开的"确认密码"对话框中再次输入打开文件时的密码和修改文件时的密码,以核对所设置的密码。

5. 单击"确定"按钮,关闭"确认密码"对话框,返回到"另存为"对话框,再单击"保存"按钮,密码将立即生效。

二、使用"用密码进行加密"命令

1. 选中需要加密的文档。

2. 单击"文件"选项卡,在打开的文件管理中心中单击"信息"选项,在右侧窗口中单击"保护文档"按钮,打开"保护文档"下拉菜单,参见图6.2。

图6.12 "加密文档"对话框

3. 单击"用密码进行加密"命令,打开"加密文档"对话框,如图6.12所示。

4. 在"密码"输入框中输入密码,在随后打开的"确认密码"对话框中再次输入打开文件时的密码和修改文件时的密码,以核对所设置的密码。

5. 单击"确定"按钮。

若需要删除打开文档密码或修改文档密码,则按上述添加密码的方法,打开"常规选项"对话框,删除其中设置的密码,单击"确定"按钮即可。

6.3 打印文档

打印文档可以说是制作文档的最后一项工作,要想打印出满意的文档,就需要设置各种相关的打印参数。Word 2010提供了一个非常强大的打印设置功能,利用它可以轻松地打印文档,可以做到在打印文档之前预览文档,选择打印区域,一次打印多份,对版面进行缩放、逆序打印,也可以只打印文档的奇数页或偶数页,还可以在后台打印,以节省时间,并且打印出来的文档和在打印预览中看到的效果完全一样。

6.3.1　打印预览

在进行打印前，用户应该先预览一下文档打印的效果，Word 2010提供了打印预览的功能。利用该功能，用户观察到的文件效果实际上就是打印的真实效果，即所说的"所见即所得"功能。

用户要进行打印预览，首先需要打开要预览的文档，然后单击"文件"选项卡，在打开的文件管理中心中单击"打印"命令，或直接单击快速访问工具栏上的"打印预览"按钮，打开"打印"窗口，如图6.13所示。在打开的窗口的右侧是打印预览区，用户可以从中预览文件的打印效果。在打开的窗口的左侧是打印设置区，包含了一些常用的打印设置按钮及页面设置命令，用户可以使用这些按钮快速设置打印预览的格式。

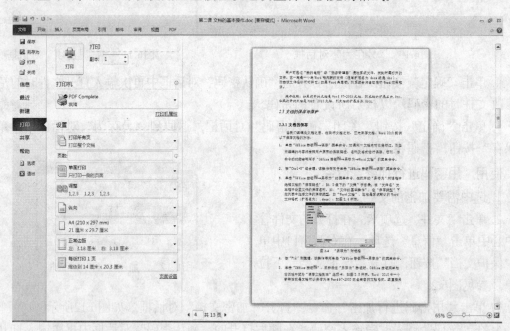

图6.13　"打印"窗口

在文档预览区中，可以通过窗口左下角的翻页按钮选择需要预览的页面，或移动垂直滚动条选择需要预览的页面。通过调节窗口右下角的显示比例滑块可调节页面显示的大小。

6.3.2　打印文档的一般操作

针对不同的文档，可以使用不同的办法来进行打印处理。如果已经打开了一篇文档，可以使用以下方法启动打印选项。

1. 单击快速访问工具栏上的"快速打印"按钮，可以直接使用默认选项来打印当前文档。

2. 单击"文件"选项卡，在打开的文件管理中心中单击"打印"命令，或直接单击快速访问工具栏上的"打印预览"按钮，或按"Ctrl+P"组合键，打开如图6.13所示"打印"窗口，单击"打印"按钮。

3. 在没有打开文档的情况下，右击该文档，然后在弹出的快捷菜单中选择"打印"命令，可以按系统默认设置直接打印该文档。

6.3.3 设置打印格式

在打印文档之前，通常要设置打印格式。在如图6.13所示的"打印"窗口左侧的"打印设置"区中，可以设置打印文档的格式。

1. 在"打印"选项组中，在"副本"右边的下拉列表框中设置文档的打印份数。

2. 在"打印机"选项组中，单击下拉列表框，选中一种打印机作为当前Word 2010的默认打印机。单击"打印机属性"按钮，打开"打印机属性"对话框，设置打印机的各种参数。

3. 在"设置"选项组中，可以对打印格式进行相关设置，有如下选项。

1）"打印所有页"选项：单击该选项下拉框，在打开的下拉菜单中可以选择打印文档的指定范围。

· "打印所有页"选项：打印整篇文档。

· "打印所选内容"选项：只打印当前文档中所选内容。如果还没有选定文档中的内容，则无法使用此选项。

· "打印当前页"选项：打印鼠标所在页面。

· "打印自定义范围"选项：在"页数"文本框中输入要打印的指定页或节。用户可以打印指定页、一个或多个节，或多个节的若干页。具体的设置符号和表示意义见表6.1。

· "打印标记"复选框：若希望打印文档时，将标记打印出来，则选中此复选框。

· "仅打印奇数页"复选框：若希望仅打印文档中的奇数页，则选中此复选框。

· "仅打印偶数页"复选框：若希望仅打印文档中的偶数页，则选中此复选框。

表6.1 打印符号和表示意义

打印的节或页码	输入的格式	例如
非连续页	输入页码，并以逗号相隔。对于某个范围的连续页码，可以输入该范围的起始页码和终止页码，并以连字符相连	要打印第2、4、5、6页和第8页。可输入"2，4-6，8"（注，只能用半角符号）
一节内的多页	输入"p页码s节号"	要打印第3节的第5页到第7页，可输入"p5s3-p7s3"
整节	输入"s节号"	要打印第3节，可输入"s3"
不连续的节	输入节号，并以逗号分隔	要打印第3节和第5节，可输入"s3，s5"
跨越多节的若干页	输入此范围的起始页码和终止页码，以及包含此页码的节号，并以连字符分隔	要打印第2～3页，可输入"p2s2-p3s5"

2）"单面打印"选项：单击该选项下拉框，在打开的下拉菜单中可以选择打印文档时是单面打印，还是手动双面打印。

· "单面打印"选项：打印文档时按单面打印方式打印。

· "手动双面打印"选项：打印文档时按双面打印方式打印。如果使用的不是双面打印机，此选项可以在纸张的两面上打印文档。打印完一面之后，Word 2010会提示用户将纸张按背面方向打印重新装回纸盒。

3）"调整"选项：单击该选项下拉框，在打开的下拉菜单中有"调整"和"取消排序"两个选项。

· "调整"选项：打印文档时按页码从小到大的顺序打印。

· "取消排序"选项：打印文档时不按页码顺序打印。

4）"纵向"选项：单击该选项下拉框，在打开的下拉菜单中有"纵向"和"横向"两个选项。

· "纵向"选项：纵向打印文档。

· "横向"选项：横向打印文档。

5）"纸张设置"选项：单击该选项下拉框，在打开的下拉菜单中选择所需的纸张样式。若均不满意，单击"其他页面大小"按钮，打开"页面设置"对话框"纸张"选项卡，根据需要进行纸张大小的设置。

6）"页边距设置"选项：单击该选项下拉框，在打开的下拉菜单中选择所需的页边距设置样式。若均不满意，单击"自定义边距"按钮，打开"页面设置"对话框"页边距"选项卡，根据需要进行页边距的设置。

7）"每版打印页数"选项：单击该选项下拉框，在打开的下拉菜单中选择每版打印的页数，可以选择的有：1、2、4、6、8或16页打印到单独一页纸上。单击"缩放至纸张大小"选项，打开要选择用于打印文档的纸张类型的下拉菜单，用户根据需要进行选择。例如，可通过缩小字体和图形大小，指定将B4大小的文档打印到A4纸型上。此功能类似于复印机的缩小/放大功能。在实际使用过程中，"B5"大小的打印纸设为"4版"为最佳，再小就分辨不清了。但是，同样大小纸张，版面设置的压缩打印也会因"页面设置"中的页边距、装订线等设置不同而造成打印后字体大小的不同。

6.3.4 设置其他打印选项

用户还可以对打印文档进行其他的打印选项的设置。

单击如图6.13所示的"打印"窗口中的"选项"按钮（或直接单击"文件"选项卡，在打开的文件管理中心中单击左下角的"选项"按钮），可打开"Word选项"对话框，在左边选中"显示"选项，如图6.14所示。

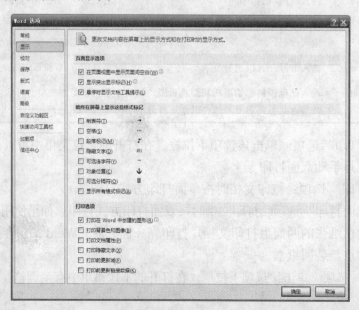

图6.14　"Word选项"对话框的"显示"选项卡

一、在"打印选项"选项组中对打印文档进行进一步的设置

· 打印在Word中创建的图形：选择此选项可打印所有的图形对象，如形状和文本框。清除此复选框可以加快打印过程，因为Word会在每个图形对象的位置打印一个空白框。

· 打印背景色和图像：选择此选项可打印所有的背景色和图像。清除此复选框可加快打印过程。

· 打印文档属性：选择此选项可在打印文档后，在单独的页上打印文档的摘要信息。Word 在文档信息面板中存储摘要信息。

· 打印隐藏文字：选择此选项可打印所有已设置为隐藏文字格式的文本。Word不打印屏幕上隐藏文字下方出现的虚线。

· 打印前更新域：选择此选项可在打印文档前更新其中的所有域。

· 打印前更新链接数据：选择此选项可在打印文档前更新其中所有链接的信息。

二、利用"高级"选项对打印文件的属性或其他信息进行设置

在"Word选项"命令窗口中选中"高级"选项卡，如图6.15所示。在右边的"打印"和"打印此文档时"选项组中对打印文档进行进一步的设置。

图6.15 "Word选项"对话框"高级"选项卡

"打印"选项组中，各功能说明如下。

· 使用草稿品质：选中此选项将用最少的格式打印文档，这样可能会加快打印过程。很多打印机不支持此功能。

· 后台打印：选中此选项可在后台打印文档，它允许在打印的同时继续工作。此选项需要更多可用的内存以允许同时工作和打印。如果同时打印和处理文档使得计算机的运行速度非常慢，请关闭此选项。

· 逆序打印页面：选中此选项将以逆序打印页面，即从文档的最后一页开始。打印信封时不要使用此选项。

· 打印XML标记：选中此选项可打印应用于XML文档的XML元素的XML标记。必须具

有附加到该文档的架构，并且必须应用由附加的架构提供的元素。这些标记出现在打印文档中。

· 打印域代码而非域值：选中此选项可打印域代码而非域结果。例如会打印｛TIME @\"MMMM, d, YYYY"｝，而非 2010 年 5月 4 日（当前日期）。

· 允许在打印之前更新包含修订的字段：选中此选项，在打印前将更新所做的修订。

· 打印在双面打印纸张的正面：选中此选项可在不具备双面打印功能的打印机上打印时，打印在每张纸的正面。将以逆序打印页面，以便翻过这叠纸张在背面打印时，以正确的顺序打印页面。

· 在纸张背面打印以进行双面打印：选中此选项可在不具备双面打印功能的打印机上打印时，打印在每张纸的背面。将按顺序打印页面，以便这些页面与以逆序在正面打印的页面对应。

· 缩放内容以适应A4或8.5 × 11纸张大小：选中此选项可自动调整按8.5英寸 × 11英寸的纸张设计的文档，使其适应A4纸，也会自动调整按A4纸设计的文档，使其适应8.5 × 11英寸的纸张。仅当打印机中A4或8.5英寸 × 11英寸的纸张与Word的“页面视图”选项卡上设置的纸张大小不匹配时，此选项才有效。此选项仅影响打印输出，不影响格式。

· 默认纸盒：选中此选项可显示默认情况下使用的打印机纸盒。要遵循打印机中的设置，请选择“使用打印机设置”。要选择特定的纸盒，请在列表中选择该纸盒。列表中的选项取决于打印机的配置

“[illegible]选项组中各项功能说明如下。

[illegible]文档时：选中应用这些打印设置的文档。在列表中，选择已经打开的文档的名[illegible]者选择“所有新文档”以使这些设置应用于以后创建的所有文档。

· 在文本上方打印PostScript：如果文档包含PRINT域，选中此选项可打印PostScript代码。

· 仅打印窗体数据：选中此选项仅打印输入到联机表单中的数据，而不打印表单。

【动手实验】如图6.16所示，给文档示例加上打开密码和修改密码后保存，最后以A4纸张进行打印输出。

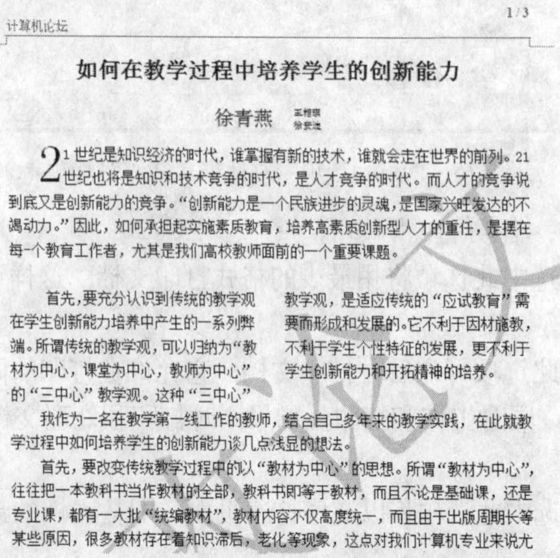

计算机论坛 1/3

如何在教学过程中培养学生的创新能力

徐青燕 王相琛 徐宏达

21 世纪是知识经济的时代，谁掌握有新的技术，谁就会走在世界的前列。21 世纪也将是知识和技术竞争的时代，是人才竞争的时代。而人才的竞争说到底又是创新能力的竞争。“创新能力是一个民族进步的灵魂，是国家兴旺发达的不竭动力。”因此，如何承担起实施素质教育，培养高素质创新型人才的重任，是摆在每一个教育工作者，尤其是我们高校教师面前的一个重要课题。

首先，要充分认识到传统的教学观在学生创新能力培养中产生的一系列弊端。所谓传统的教学观，可以归纳为“教材为中心，课堂为中心，教师为中心”的“三中心”教学观。这种“三中心”教学观，是适应传统的“应试教育”需要而形成和发展的。它不利于因材施教，不利于学生个性特征的发展，更不利于学生创新能力和开拓精神的培养。

我作为一名在教学第一线工作的教师，结合自己多年来的教学实践，在此就教学过程中如何培养学生的创新能力谈几点浅显的想法。

首先，要改变传统教学过程中的以“教材为中心”的思想。所谓“教材为中心”，往往把一本教科书当作教材的全部，教科书即等于教材，而且不论是基础课，还是专业课，都有一大批“统编教材”，教材内容不仅高度统一，而且由于出版周期长等某些原因，很多教材存在着知识滞后，老化等现象，这点对我们计算机专业来说尤

图6.16 文档示例

对文档进行设置的操作步骤如下。

1. 单击快速访问工具栏上的"另存为"按钮，弹出"另存为"对话框。选择好文档存放的路径，在"文件名"的文本框中输入文件名。

2. 单击"另存为"对话框左下角的"工具"选项，在打开的"工具"下拉菜单中，单击"常规"选项命令，弹出"常规选项"对话框。

3. 在"打开文件时的密码"框中输入一个限制打开文档的密码，如"dk1234"。

4. 在"修改文件时的密码"框中输入一个限制修改文档的密码，如"xg1234"

5. 单击"确定"按钮，在随后打开的"确认密码"对话框中再次输入打开文件时的密码和修改文件时的密码以核对所设置的密码。

6. 单击"保存"按钮。

7. 单击快速访问工具栏上的"打印预览"按钮，打开"打印"窗口，在"纸张设置"选项中选中"A4"，然后单击"打印"命令。

第7章 制作表格

表格作为显示成组数据的一种形式，用于显示数字和其他项，以便快速引用和分析数据。表格具有条理清楚、说明性强、查找速度快等优点，因此使用非常广泛。Word 2010中提供了非常完善的表格处理功能，使用它提供的用来创建和格式化表格的工具，可以很容易地制作出满足需求的表格。

人们在日常生活经常会遇到各种各样的表格，如统计数据表格、个人简历表格，课程表等。如图7.1所示给出了一个学生期末考试成绩表的示例表格子。

	数学	语文	英语	物理	化学	政治	总分	平均分
张爱国	85	94	90	89	86	89	533	88.83
王 明	95	86	86	90	77	75	509	84.33
王二丁	88	85	74	87	78	95	507	84.50
李佳薇	85	74	91	90	79	84	503	83.83
周民民	87	75	88	82	76	89	497	82.83
陈梦龙	79	80	76	94	69	89	487	81.17
李 刚	74	78	89	69	79	96	485	80.83
刘雪梅	87	82	79	68	71	84	471	78.50
赵 茜	80	84	79	77	69	76	465	77.50

图7.1 学生期末考试成绩表

7.1 创建表格

Word 2010提供了多种建立表格的方法，切换到"插入"选项卡，单击"表格"按钮，弹出如图7.2所示的下拉菜单，其中提供了创建表格的6种方式：用单元格选择板直接创建表格、使用"插入表格"命令、使用"绘制表格"命令、使用"文本转换成表格"命令、使用"Excel电子表格"命令、使用"快速表格"命令。

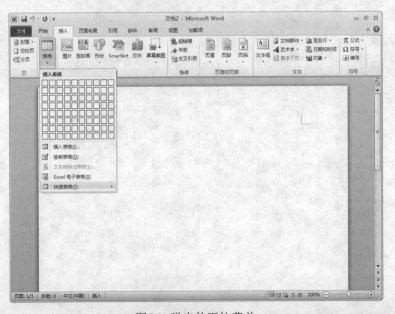

图7.2 弹出的下拉菜单

7.1.1 创建基本表格的方法

Word 2010提供了6种创建基本表格的方法，下面分别进行介绍。

方法1：使用下拉菜单中的单元格选择板直接创建表格。

操作步骤如下：

1. 单击"插入"选项卡下"表格"按钮，将鼠标移到下拉菜单中最上方的单元格选择板中。随着鼠标的移动，系统会自动根据当前鼠标位置在文档中创建相应大小的表格。使用该单元格选择板能创建的表格大小最大为8行10列，每个方格代表一个单元格。单元格选择板上面的数字表示选择的行数和列数，如图7.3所示。

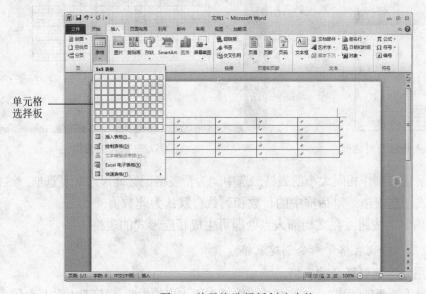

图7.3 单元格选择板创建表格

2. 用鼠标向右下方拖动以覆盖单元格选择板，覆盖的单元格变为深颜色显示，表示被选中，同时文档中会自动出现相应大小的表格。此时，单击鼠标左键，文档中插入点的位置会出现相应行列数的表格，同时单元格选择板自动关闭。

提示 只要使用了表格功能，系统会自动打开"表格工具"，即"设计"选项卡和"布局"选项卡，在这些选项卡里有一些用于表格处理的常用工具。

方法2：使用"插入表格"命令可以创建任意大小的表格。

操作步骤如下：

1. 单击要创建表格的位置。

2. 单击"插入"选项卡下的"表格"按钮，在打开的下拉菜单中选择"插入表格"命令，打开如图7.4所示的"插入表格"对话框。

3. 在"表格尺寸"选项组下面相应的输入框中输入需要的列数和行数，这里分别输入11和9，创建11列×9行的表格，如图7.5所示。

4. 在"'自动调整'操作"选项组中，设置表格调整方式和列的宽度。

·固定列宽：输入一个值，使所有的列宽度相同。其中，选择"自动"项可创建一个列宽值低于页边距，具有相同列宽的表格，等同于选择"根据窗口调整表格"选项。

·根据内容调整表格：使每一列具有足够的宽度以容纳其中的内容。Word会根据输入数据的长度自动调整行和列的大小，最终使行和列具有大致相同的尺寸。

·根据窗口调整表格：本选项用于创建Web页面。当表格按照Web方式显示时，应使表格适应窗口大小。

图7.4　"插入表格"对话框

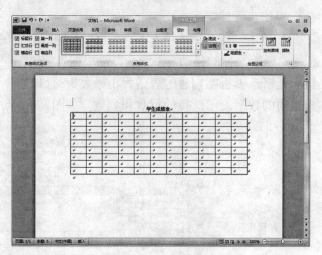

图7.5　插入的表格

5. 如果以后还要制作相同大小的表格，选中"为新表格记忆此尺寸"复选框。这样下次再使用这种方式创建表格，对话框中的行数和列数会默认为此数值。

6. 单击"确定"按钮。在文档插入点处即可生成相应形式的表格。

方法3：使用"绘制表格"命令创建表格。

该方法常用来绘制更复杂的表格。

除了前面讨论的两种利用Word 2010功能自动生成表格的方法，还可以通过"绘制表格"命令来创建更复杂的表格。例如，单元格的高度不同或每行包含的列数不同的单元格，其操作方法如下。

1. 在文档中确定准备创建表格的位置，将光标放置于插入点。

2. 单击"插入"选项卡下"表格"按钮，在弹出的下拉菜单中选择"绘制表格"命令。此时光标会变为 ⁄ 形状。

3. 首先要确定表格的外围边框，这里可以先绘制一个矩形：把鼠标移动到准备创建表格的左上角，按下左键向右下方拖动，拖动过程中鼠标会变为 形状，虚线显示了表格的轮廓，到达合适位置时放开左键，即在选定位置出现一个矩形框。

4. 绘制表格边框内的各行各列。在需要添加表格线的位置按下鼠标左键，此时鼠标变为笔形，水平、竖直移动鼠标，在移动过程中Word可以自动识别出线条的方向，然后放开左键则可以自动绘出相应的行和列。如果要绘制斜线，则要从表格的左上角开始向右下方移动，待Word识别出线条方向后，松开左键即可。绘制好的表格如图7.6所示。

5. 若希望更改表格边框线的粗细与颜色，可通过"设计"选项卡下"绘图边框"组中的"笔颜色"和"表格线的磅值微调框"进行设置。

6. 如果绘制过程中不小心绘制了不必要的线条，可以使用"设计"选项卡下"绘图边框"组中的"擦除"按钮。此时鼠标指针变成橡皮擦形状，将鼠标指针移到要擦除的线条上按鼠标左键，系统会自动识别出要擦除的线条（变为深红色显示），松开鼠标左键，则系统会自动删除该线条。如果需要擦除整个表格，可以用橡皮擦在表格外围画一个大的矩形框，待系统识别出要擦除的线条后，松开左键即可自动擦除整个表格。

方法4：从文字创建表格。

Word 2010提供了直接从文字创建表格的方法，具体实现方法将在本章后面的内容中介绍。

方法5：使用"快速表格"功能快速创建表格。

可以将设计好的表格样式保存到"快速表格库"，这样以后就可以使用"快速表格"功能创建表格了。

将表格样式添加到"快速表格库"中的操作步骤如下：

1. 选择需要保存的表格样式。

2. 单击"插入"选项卡中"表格"组的"表格"按钮▦，在弹出的菜单中单击"将所选内容保存到快速表格库"命令，将弹出"新建构建基块"对话框，如图7.7所示。

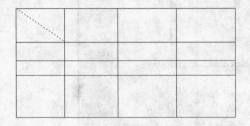

图7.6 绘制的表格　　　　　　　　　　图7.7 "新建构建基块"对话框

3. 在"名称"和"说明"对话框中填入数据信息后，单击"确定"按钮即可。

使用上面保存的快速表格样式创建新表格的操作步骤如下：

1. 单击文档中需要插入表格的位置。

2. 单击"插入"选项卡中"表格"组的"表格"按钮▦，在弹出的下拉菜单中选择"快速表格"选项，然后再选择所需要使用的表格样式，如图7.8所示。

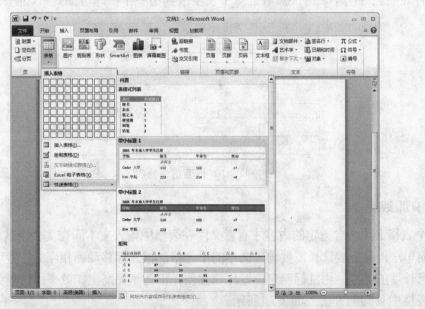

图7.8 使用"快速表格"选项生成表格

方法6：在文档中插入Excel电子表格。

Excel电子表格具有强大的数据处理能力，在Word中使用插入"Excel电子表格"命令可以在Word文档中嵌入Excel电子表格。如图7.9所示是插入的Excel电子表格。双击该表格进入编辑模式后，可以发现Word功能区会变成Excel的功能区，用户可以像操作Excel一样使用该表格。

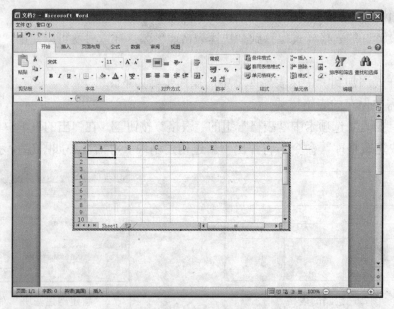

图7.9　插入的Excel电子表格

7.1.2　表格嵌套

Word 2010允许在表格中建立新的表格，即嵌套表格，创建嵌套表格可采用以下两种办法：
· 首先在文档中插入或绘制一个表格，然后再在需要嵌套表格的单元格内插入或绘制表格。
· 首先建立好两个表格，然后把一个表格拖到另一个中即可，效果如图7.10所示。

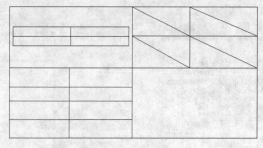

图7.10　嵌套的表格

7.1.3　添加数据

一个表格必须包含一定的内容才有意义，在表格中输入文本同在文档中其他地方输入文本一样简单，但首先要选择需要输入文本的单元格，把光标移动到相应的位置后就可以直接输入任意长度的文本。用鼠标确定位置比较方便，但为了提高工作效率，这里给出一些使用键盘在表格中移动的办法，如表7.1所示。

表7.1 使用键盘在表格中移动

按键	动作
Tab或者右箭头（→）	移到后一单元格（如果光标位于表格的最后一个单元格时按下Tab键，将会自动添加一行）
Shift +Tab或左箭头（←）	移到同行中的前一列（如果光标位于除第一行以外的其他行的第一列中，使用该组合键后，光标将移到上一行的最后一个单元格）
上箭头（↑）	移到上一行的同一列
下箭头（↓）	移到下一行的同一列
Alt+Home	移到本行的第一个单元格
Alt+End	移到本行的最后一个单元格
Alt+PageUp	移到本列的第一个单元格
Alt+PageDown	移到本列的最后一个单元格

需要注意的是，若一个单元格中的文字过多，会导致该单元格变得过大，从而挤占别的单元格的位置；如果需要在该单元格中压缩多余的文字，单击"布局"选项卡下"表"组中的"属性"按钮，或单击鼠标右键，在弹出的快捷菜单中选择"表格属性"命令，打开"表格属性"对话框，选中该对话框中的"单元格"选项卡，单击"选项"按钮，然后选中"适应文字"复选框即可。

7.2 修改表格

用户创建的表格常常需要修改才能完全符合要求，另外由于实际情况的变更，表格也需要相应地进行一些调整。

7.2.1 在表格中增加或删除行、列和单元格

要增加或删除行、列和单元格必须要先选定表格。选定表格的方法有很多，这里仅介绍几种常用的方法。

·单击"布局"选项卡下的"表"组中的"选择"按钮，在弹出的下拉菜单中选择所需选取的类型（表格、行、列、单元格）。

·选定一个单元格：把鼠标指针放在要选定的表格的左侧边框附近，指针变为斜向右上方的实心箭头，这个时候单击左键，就可以选定相应的单元格。

·选定一行或多行：移动鼠标指针到表格该行左侧外边，鼠标变为斜向右上方的空心箭头形状，单击左键即可选中该行。此时再上下拖动鼠标可以选中多行。

·选定一列或多列：移动鼠标指针到表格该列顶端外边，鼠标变为竖直向下的实心箭头形状，单击左键即可选中该列。此时再左右拖动鼠标可以选中多列。

·选中多个单元格：按住鼠标左键在所要选中的单元格上拖动可以选中连续的单元格。如果需要选择分散的单元格，则首先需要按照前面的办法选中第一个单元格，然后按住Ctrl键，依次选中其他的单元格即可。

·选中整个表格：将鼠标拖过表格，表格左上角将出现表格移动控点，单击该控点，

或者直接按住鼠标左键，将鼠标拖过整张表格。

选择了表格后就可以执行插入操作了，插入行、列和插入单元格的操作略有不同。

一、插入行、列

1. 在表格中，选择待插入行（或列）的位置。所插入行（或列）必须要在所选行（或列）的上面或下面（或左边、右边）。

2. 单击"布局"选项卡下的"行和列"组中的相应按钮进行相应操作，或单击鼠标右键，在弹出的快捷菜单中选择"插入→在左侧插入列"、"插入→在右侧插入列"，或者"插入→在上方插入行"、"插入→在下方插入行"命令。

二、插入单元格

1. 在表格中，选择待插入单元格的位置。

2. 单击"布局"选项卡下的"行和列"组的对话框启动器 （或单击鼠标右键，在弹出的快捷菜单中选择"插入→插入单元格"）命令，弹出"插入单元格"对话框，如图7.11所示。

3. 选择相应的操作方式，单击"确定"按钮即可。

三、删除行、列和单元格

1. 在表格中，选中要删除的行、列或单元格。

2. 单击"布局"选项卡下的"行和列"组中的"删除"按钮 ，弹出下拉菜单，根据删除内容的不同，选择相关的删除命令。选择删除单元格时会弹出"删除单元格"对话框，如图7.12所示。

　　　　　　　　　　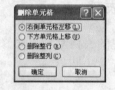

图7.11　"插入单元格"对话框　　　　　　　图7.12　"删除单元格"对话框

3. 单击"确定"按钮即可。

7.2.2 合并和拆分表格或单元格

合并单元格是指可以将同一行或同一列中的两个或多个单元格合并为一个单元格。例如，可以合并第一行中的单元格以创建横跨多列的表格标题。拆分单元格与合并单元格的含义相反。

一、合并单元格

1. 选中要合并的单元格。

2. 单击"布局"选项卡下的"合并"组中的"合并单元格"按钮 ，或选中单元格后单击鼠标右键，在弹出的快捷菜单中选择"合并单元格"命令。

如果合并的单元格中有数据，那么每个单元格中的数据都会出现在新单元格内部。

二、拆分单元格

1. 选择要拆分的单元格，单元格可以是一个或多个连续的单元格。

2. 单击"布局"选项卡下的"合并"组中的"拆分单元格"按钮 ；或单击鼠标右键，

在弹出的快捷菜单中选择"拆分单元格"命令，打
开如图7.13所示的"拆分单元格"对话框。

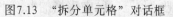

3. 设置要将选定的单元格拆分成的列数或行数。

4. 单击"确定"按钮即可。

三、修改单元格大小

图7.13 "拆分单元格"对话框

1. 选择要修改的单元格。

2. 若要修改单元格的高度，可直接在"布局"选项卡下的"单元格大小"组中的"高度"按钮旁边的编辑框中输入所需高度的数值，或直接使用编辑框旁的上、下按钮调节其高度。

3. 若修改单元格的宽度，可直接在"布局"选项卡下的"单元格大小"组中的"宽度"按钮旁边的编辑框中输入所需宽度的数值，或直接使用编辑框旁的上、下按钮调节其宽度。

四、拆分表格

拆分表格可将一个表格分成两个表格，其操作步骤如下。

1. 请单击要成为第二个表格的首行的行，如图7.14（a）所示。

2. 单击"布局"选项卡下的"合并"组中的"拆分单元格"按钮，或按下组合键"Ctrl+Shift+Enter"即可。拆分后的效果如图7.14（b）所示。

	数学	语文	英语	物理	化学	政治	总分	平均分
张爱国	85	94	90	89	86	89	533	88.83
王 明	95	86	86	90	77	75	509	84.33
王二丁	88	85	74	87	78	95	507	84.50
李佳薇	85	74	91	90	79	84	503	83.83
周民民	87	75	88	82	76	89	497	82.83
陈梦龙	79	80	76	94	69	89	487	81.17
李 刚	74	78	89	69	79	96	485	80.83
刘雪梅	87	82	79	68	71	84	471	78.50
赵 茜	80	84	79	77	69	76	465	77.50

（a）原始表格

	数学	语文	英语	物理	化学	政治	总分	平均分
张爱国	85	94	90	89	86	89	533	88.83
王 明	95	86	86	90	77	75	509	84.33
王二丁	88	85	74	87	78	95	507	84.50
李佳薇	85	74	91	90	79	84	503	83.83

周民民	87	75	88	82	76	89	497	82.83
陈梦龙	79	80	76	94	69	89	487	81.17
李 刚	74	78	89	69	79	96	485	80.83
刘雪梅	87	82	79	68	71	84	471	78.50
赵 茜	80	84	79	77	69	76	465	77.50

（b）拆分后的表格

图7.14 拆分表格

如果要将拆分后的两个表格分别放在两页上，在执行第2步后，使光标位于两个表格间空白处，按下"Ctrl+Enter"组合键即可。

如果希望将两个表格合并，只需删除表格中间的空白即可。

当然还可以利用表格边框，把一张表格拆分为左右两部分，操作步骤如下：

1. 首先选中表格中间的一列。

2. 单击"设计"选项卡下的"绘制边框"组的对话框启动器，或单击鼠标右键，选择"边框和底纹"菜单命令，弹出"边框和底纹"对话框，再单击"边框"选项卡。

3. 在"设置"组中，选中"方框"选项，然后单击"预览"项下面的按钮和按钮，把"预览"区中表格的上、下两条框线取消。

4. 单击"确定"按钮，即可看到原表格被拆分成左右两个表格。

提示　若被选中的表格中的一列单元格内有文本内容，则拆分后内容仍在原单元格内。

7.3　设置表格格式

在创建完成表格以后还需要进一步地对边框、颜色、字体以及文本等进行一定的排版，以美化表格，使表格内容更清晰。

7.3.1　表格自动套用格式

Word 2010内置了许多种表格格式，使用任何一种内置的表格格式都可以为表格应用专业的格式设计。

自动设置表格格式的操作步骤如下：

1. 选中要修饰的表格，单击"设计"选项卡，可以看到"表格样式"组中提供了几种简单的表格样式，如图7.15所示。单击"〞"按钮及"〞"按钮，可以翻动样式列表，单击"〞"可以查看所有的样式列表，如图7.16所示。用鼠标在样式上滑动，在文档中可以预览到表格应用该样式后的效果。

图7.15　"设计"选项卡的"表格样式"组

2. 在选中的样式上单击鼠标左键，文档中的表格就会自动应用该样式。

3. 选择任一样式后，可以单击"设计"选项卡下的"表格样式选项"组中的相应按钮来对样式进行调整，同时可以随时观察表格样式发生的变化。

提示

· 如果需要基于已有的样式来创建自己的表格样式，以方便以后使用，可单击图7.16中的"修改表格样式"命令。

· 如果要清除表格样式，可以单击图7.16中的"清除"命令。

· 如果要创建自己的表格样式，则选择"新建表格样式"命令。

表格中文字的字体设置与文本中的设置方法一样，这里着重讨论一下表格中的文本排列方式，主要包括文字对齐方式和文字方向两个方面。

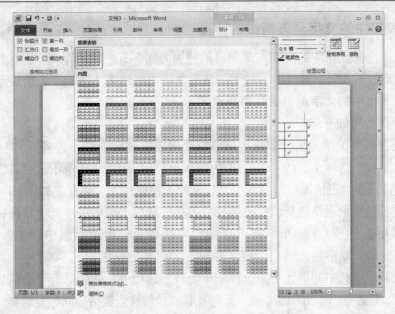

图7.16 表格样式列表以及效果预览

一、文字对齐方式

Word 2010提供了9种不同的文字对齐方式。在"布局"选项卡下的"对齐方式"组中显示了这9种文字对齐方式。默认情况下，Word 2010将表格中的文字与单元格的左上角对齐。用户可以根据需要更改单元格中文字的对齐方式，操作步骤如下：

1. 选中要设置文字对齐方式的单元格。

2. 根据需要单击"布局"选项卡下的"对齐方式"组中相应的对齐方式按钮；或单击鼠标右键，在弹出的快捷菜单中选择"单元格对齐方式"，然后再选择相应的对齐方式命令；或使用"开始"选项卡下的"段落"组中的文字对齐方式按钮进行文字对齐方式的设置。

二、文字方向

默认情况下，单元格的文字方向为水平排列，可以根据需要更改表格单元格中的文字方向，使文字垂直或水平显示。

改变文字方向的操作步骤如下：

1. 单击包含要更改的文字的表格单元格。如果要同时修改多个单元格，选中所要修改的单元格。

2. 单击"页面布局"选项卡下的"页面设置"组中"文字方向"按钮╚；或单击鼠标右键，在弹出的快捷菜单中选择"文字方向"命令，弹出"文字方向－×××"对话框，如图7.17所示。

3. 设置所需的文字方向。

4. 单击"确定"按钮。

图7.17 弹出的"文字方向－×××"对话框

7.3.2 设置表格中的文字至表格线的距离

表格中每一个单元格中的文字与单元格的边框之间都有一定的距离。默认情况下，字号大小不同，距离也不相同。如果字号过大，或者文字内容过多，影响了表格展示的效果，就要考虑设置单元格中的文字离表格线的距离了。

调整的操作步骤如下：

1. 选择要做调整的单元格。如果要调整整个表格，则选中整个表格。

2. 单击"布局"选项卡下的"表"组中的"属性"按钮 （或单击鼠标右键，在弹出的快捷菜单中选择选择"表格属性"命令），打开"表格属性"对话框，如图7.18（a）所示。

3. 如果要针对整个表格进行调整，选择"表格"选项卡，单击"选项"按钮，打开"表格选项"对话框，如图7.18（b）所示。在"默认单元格边距"组中"上"、"下"、"左"、"右"输入框中输入适当的值，并单击"确定"按钮。

4. 如果只调整所选中的单元格，选择"单元格"选项卡，然后单击"选项"按钮，弹出"单元格选项"对话框，如图7.19所示。首先要取消"与整张表格相同"复选框，然后在"单元格边距"组中"上"、"下"、"左"、"右"输入框中输入适当的值。

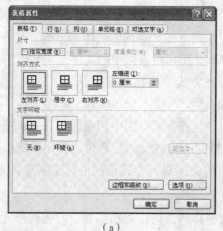

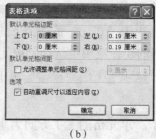

（a）   （b）

图7.18   "表格属性"对话框和"表格选项"对话框

图7.19   "单元格选项"对话框

5. 单击"确定"按钮。

7.3.3 表格的分页设置

处理大型表格时，它常常会被分割成几页来显示。可以对表格进行调整，以便表格标题能显示在每页上（注：只能在页面视图或打印出的文档中看到重复的表格标题）。

操作方法如下：

1. 选择一行或多行标题行。选定内容必须包括表格的第一行。

2. 单击"布局"选项卡下的"数据"组中的"重复标题行"按钮 即可。

提示 Word 2010能够依据分页符自动在新的一页上重复显示表格标题。如果在表格中插入了手动分页符，则Word 2010无法重复显示表格标题。

7.3.4 表格自动调整

表格在编辑完毕后，因为每个数据单元数据的长度可能不一致，常常需要对表格的效果进行调整，如果使用手动调整，操作起来比较麻烦，而且精确度不高。Word 2010提供了自动调整的功能，方法如下：

单击"布局"选项卡下的"单元格大小"组中的"自动调整"按钮▦（或单击鼠标右键，在弹出的快捷菜单中选择"自动调整"命令），弹出下拉菜单，其中给出了三种自动调整功能："根据内容调整表格"、"根据窗口调整表格"和"固定列宽"。另外，使用"布局"选项卡下的"单元格大小"组中的"分布行"按钮▦和"分布列"按钮▦，也可以对表格进行自动调整。

下面简要介绍一下这几种命令的功能：

·根据内容调整表格：自动根据单元格的内容调整相应单元格的大小。

·根据窗口调整表格：根据单元格的内容以及窗口的大小自动调整相应单元格的大小。

·固定列宽：令单元格的宽度值固定，不管内容怎么变化，仅有行高可变化。

·平均分布各行：保持各行行高一致，这个命令会使选中的各行行高平均分布，不管各行内容怎么变化，仅列宽可变化。

·平均分布各列：保持各列列宽一致，这个命令会使选中的各列列宽平均分布，不管各列内容怎么变化，仅行高可变化。

7.3.5 改变表格的位置和环绕方式

默认情况下，新建的表格是沿着页面左端对齐的，有些时候为了美观，可能需要移动表格的位置。

一、移动表格

1. 在页面视图上，将指针置于表格的左上角，直到表格移动控点▦出现。

2. 将表格拖动到新的位置。

二、在页面上对齐表格

1. 单击"布局"选项卡下的"表"组中的"属性"按钮▦（或单击鼠标右键，在弹出的快捷菜单中选择选择"表格属性"命令），弹出"表格属性"对话框。

2. 单击"表格"选项卡。

3. 在"对齐方式"组下，选择所需的选项。例如选择"左对齐"，且在"左缩进"框中输入数值，并选择"文字环绕"组下的"无"选项。

三、设置表格的文字环绕方式

在"表格属性"对话框的"表格"选项卡下的"文字环绕"组下选择"环绕"选项，可以直接设定文字环绕方式。如果对表格的位置及文字环绕的效果仍不满意，可单击"定位"按钮，弹出"表格定位"对话框，如图7.20所示。"水平"、"垂直"选项组下的"位置"和"相对于"下拉框中有多种选项，可以根据需要进行选择，然后在"距正文"选项组中输入相应的数值。

7.3.6　表格的边框和底纹

表格在建立之后，需要经过排版，才能具有更好的显示效果。Word 2010可以为整个表格或表格中的某个单元格添加边框，或填充底纹。前面在设置表格格式的时候介绍了可以使用系统提供的表格样式来使表格具有精美的外观，但有些时候还需要进一步的设置才能使表格符合要求。

Word 2010提供了两种不同的设置方法。

方法1：

选中需要修饰的表格的某个部分，单击"设计"选项卡下的"表格样式"组中的"底纹"按钮 底纹 （或者单击"边框"按钮 边框 ）右端的小三角按钮，可以显示一系列的底纹颜色（或边框设置），选择相应选项即可，如图7.21所示。

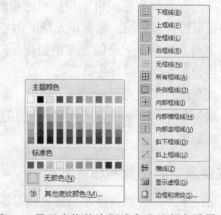

图7.20　"表格定位"对话框　　　　图7.21　显示表格的边框线和底纹颜色设置选项

方法2：

选中需要修饰的表格的某个部分，单击"设计"选项卡下的"绘图边框"组中的对话框启动器 ，或单击鼠标右键，在弹出的快捷菜单中选择"边框和底纹"命令，打开"边框和底纹"对话框，选择"边框"选项卡，如图7.22所示。

图7.22　"边框和底纹"对话框

在"设置"组中，选择"方框"项，则仅仅在表格最外层应用选定格式，不给每个单元格加上边框。选择"全部"项则每个线条都应用选定格式。选择"虚框"项则会自动为表格内部的单元格加上边框。

在"边框和底纹"对话框中还可以选择相应的样式、颜色、宽度选项。这些选项可以应用于表格、文字、段落或单元格。用户可以根据需要利用"边框和底纹"对话框中右下角的"应用于"选项进行选择。如果选择"单元格"项，仅仅为选中的单元格设置格式；选择"表格"项，则会为整个表格设置格式。如果只需要对表格的某一条线设置相应的样式，可单击"设计"选项卡下的"绘图边框"组中的"绘制表格"按钮，使鼠标指针变为笔的形状"✎"，然后用"笔"去"描绘"（或单击）相应的线条，也可以单击"设计"选项卡下的"表格样式"组中的"边框▾"按钮右端的小三角按钮，弹出前面如图7.21所示的菜单选项，根据需要选择相应的命令。

有些情况下，需要对表格（或其中的某一部分）设置底纹和颜色以使表格更加美观。Word 2010提供了两种不同的设置方法。

方法1：

1. 选中需要装饰的表格的某个部分。

2. 通过"设计"选项卡下的"表格样式"组的"底纹▾"按钮打开选色板，选择合适的颜色。如果需要其他的选择，请单击"其他底纹颜色"选项。

方法2：

1. 选中需要装饰的表格的某个部分。

2. 单击"设计"选项卡下的"绘图边框"组中的对话框启动器，（或单击鼠标右键，在弹出的快捷菜单中选择"边框和底纹"命令），打开"边框和底纹"对话框，选择"底纹"选项卡，选择"填充"选项的颜色。还可以从"图案"组下"样式"选项列表中选择合适的填充样式。在"应用于"选项框中选择合适的应用形式。

7.3.7 设置表格列宽和行高

为了使表格变得更加美观，用户还需要对表格的列宽和行高进行设置。

当然可以直接对表格的行、列进行拖动以更改某行或列所占的空间。把鼠标指针移到要拖动的行线或者列线上，等鼠标指针变为"➕"形状时，按住左键拖动即可。若需要查看行与列所占的空间从而进行比较精确的拖动，在拖动的时候按下Alt键，这个时候会出现相应的行、列标尺。如果需要改变整个表格的大小，把鼠标指针移到表格的右下角，等鼠标指针变为"↘"形状的时候，按住鼠标左键拖拉即可。

另外，可以使用"表格属性"对话框来对表格的行高和列宽进行设置。选中表格后单击"布局"选项卡下的"单元格大小"组中的对话框启动器（或单击鼠标右键，在弹出的快捷菜单中选择"表格属性"命令），弹出"表格属性"对话框，单击"行"选项卡。在"尺寸"选项组下可以对每一行根据需要输入指定高度，可以单击"上一行"、"下一行"按钮来对其他行进行设置。如果需要在表格中输入大量内容，而让表格行高进行自动调整时，在"行高值是"框中选择"最小值"。这样，当输入内容的高度高于指定高度时，行的高度会自动增加。如果不允许表格行高发生变化，请选择"固定值"项，如图7.23所示。

列宽的设置与行高的设置类似。单击"表格属性"对话框的"列"选项卡，可在其中为每列指定宽度，在"度量单位"框中选择"厘米"或者"百分比"，在"指定宽度"内输入相应的数值，如图7.24所示。更快捷的方式是使用"布局"选项卡中的"单元格大小"工具组，在其中的高度和宽度区域中输入合适的数字即可。

图7.23　"表格属性"对话框"行"选项卡　　　图7.24　"表格属性"对话框"列"选项卡

7.3.8　制作具有单元格间距的表格

可以在建立表格之后，更改表格中单元格的间距来制作具有单元格间距的表格。

操作步骤如下：

1. 选中表格。

2. 单击"布局"选项卡下的"对齐方式"组中的"单元格边距"按钮▥（或单击鼠标右键，在弹出的快捷菜单中选择"表格属性"命令，弹出"表格属性"对话框，选择"表格"选项卡，单击"选项"按钮），打开"表格选项"对话框，如图7.25所示。

选中"默认单元格间距"选项组下的"允许调整单元格间距"复选框，并在其右边输入相应的间距值。操作后的示例效果如图7.26所示。

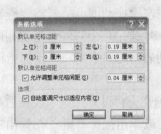

	数学	语文	英语	物理	化学	政治
张爱国	85	94	90	89	86	89
王　明	95	86	86	90	77	75
王二丁	88	85	74	87	78	95
李佳薇	85	74	91	90	79	84
周民民	87	75	88	82	76	89
陈梦龙	79	80	76	94	69	89
李　刚	74	78	89	69	79	96
刘雪梅	87	82	79	68	71	84
赵　茜	80	84	79	77	69	76

图7.25　"表格选项"对话框　　　　图7.26　调整单元格间距后的示例效果图

7.4　使用排序和公式

很多情况下，为了方便查阅，表格中存储的信息要具有一定的排列规则，因此在制作表格时需要对表中存储的记录按照一定规则进行排序。手动排序操作起来比较麻烦，也比较容易出错，Word 2010提供了将表格中的文本、数字或数据按"升"或"降"两种顺序排列的功能。

升序: 顺序为字母从A到Z, 数字从0到9, 或最早的日期到最晚的日期。

降序: 顺序为字母从Z到A, 数字从9到0, 或最晚的日期到最早的日期。

首先阐述一下Word 2010中排序的规则。

·文字: 首先排序以标点或符号开头的项目 (例如!、#、$、%或&), 随后是以数字开头的项目, 最后是以字母开头的项目。请注意Word 2010将日期和数字作为文本处理。例如, "Item 12" 排列在 "Item 2." 之前。

·数字: 忽略数字以外的所有其他字符。数字可以位于段落中的任何位置。

·日期: 将下列字符识别为有效的日期分隔符: 连字符、斜线 (/)、逗号和句号。同时将冒号 (:) 识别为有效的时间分隔符。如果Word无法识别一个日期或时间, 会将该项目放置在列表的开头或结尾 (依照升序或降序的排列方式)。

·特定的语言: 将根据语言的排顺规则进行排序。某些语言有不同的排顺规则可供选择。

·以相同字符开头的两个或更多的项目: 将比较各项目中的后续字符, 以决定排列次序。

·域结果: 将按指定的排序选项对域结果进行排序。如果两个项目中的某个域 (如姓氏) 完全相同, 将比较下一个域 (如名字)。

7.4.1 使用排序

在表格中对文本进行排序时, 可以选择对表格中单独的列或整个表格进行排序。也可在表格中的单独列中使用多于一个的单词或域进行排序。例如, 如果一列同时包含名字和姓氏, 可以按姓氏或名字进行排序。

使用排序对表格中单独的一列进行排序的操作步骤如下:

1. 选择需要排序的列或单元格。

2. 单击 "布局" 选项卡下的 "数据" 组中的 "排序" 按钮↓↑, 打开 "排序" 对话框, 如图7.27所示。

3. 选择所需的排序选项。"主要关键字" 选项组默认对应了要排序的列。"类型" 选项由Word 2010自动识别, 否则可以根据需要指出相应排序的类型, 在其右边选择排序是依照 "升序" 还是 "降序" 排列。如果选中表格部分包含标题行, 在 "列表" 下, 要选中 "有标题行"。如果选择部分不包括标题行, 则选中 "无标题行", 这种方式常用于对除表格顶部几行以外的部分行进行排序。

4. 单击 "选项" 按钮, 打开 "排序选项" 对话框, 如图7.28所示。

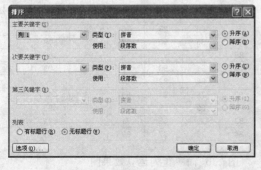

图7.27 "排序" 对话框

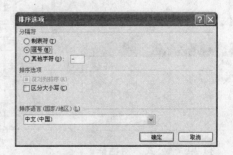

图7.28 "排序选项" 对话框

5. 可选中 "仅对列排序" 复选框。如果不选择此复选框, 则会根据此关键字的顺序来排序。

6. 单击"确定"按钮，关闭对话框。

Word 2010提供了在表格列中使用多个单词或域进行排序的功能。例如，如果列中同时包含姓氏和名字，可以按照姓氏或名字进行排序，操作步骤如下：

1. 选择需要排序的列。

2. 单击"布局"选项卡下的"数据"组中的"排序☕️"按钮，打开"排序"对话框。

3. 在"类型"选项下，选择所需选项。

4. 单击"选项"选项按钮，打开"排序选项"对话框，取消选中"仅对列排序"复选框。

5. 在"分隔符"选项下，分隔要排序的单词或域的字符类型，然后单击"确定"按钮，关闭"排序选项"对话框。

6. 在"排序"对话框的"主要关键字"框中，输入包含要排序的数据的列，然后在"使用"框中，选择要依据其排序的单词或域。

7. 在"排序"对话框的"次要关键字"框中，输入包含要排序的数据的列，然后在"使用"框中，选择要依据其排序的单词或域。

8. 如果希望依据另一列进行排序，请在"第三关键字"框中重复操作步骤7。

9. 单击"确定"按钮，关闭"排序"对话框，完成排序。

　　提示　排序后各行交换的时候会附带其边框和底纹设置，因此在排序后要注意表格格式设置是否仍符合要求。

7.4.2　使用公式

Word 2010的表格提供了强大的计算功能，可以帮助用户完成常用的数学计算。

一、进行简单行列运算

计算行或列中数值的总和的操作步骤如下：

1. 单击要放置求和结果的单元格。

2. 单击"布局"选项卡下的"数据"组中的"公式"按钮*fx*，打开"公式"对话框，如图7.29所示。

3. 如果选定的单元格位于一列数值的底端，将建议采用公式=SUM（ABOVE）进行计算。如果选定的单元格位于一行数值的右边，将建议采用公式=SUM（LEFT）。如果该公式正确，单击"确定"按钮即可完成相应的计算。图7.30显示了横向求和后的效果图。

	数学	语文	英语	物理	化学	政治	总分	平均分
张爱国	85	94	90	89	86	89	533	
王　明	95	86	86	90	77	75	509	
王一丁	88	85	74	87	78	95	507	
李佳薇	85	74	91	90	79	84	503	
周民民	87	75	88	82	76	89	497	
陈梦龙	79	80	76	94	69	89	487	
李　刚	74	78	89	69	79	96	485	
刘雪梅	87	82	79	68	71	84	471	
赵　茜	80	84	79	77	69	76	465	

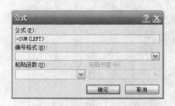

图7.29　"公式"对话框　　　　　　　　图7.30　简单行列运算效果图

提示

·如果单元格中显示的是大括号和代码（例如，{=SUM（LEFT）}）而不是实际的求和结果，则表明Word正在显示域代码。要显示域代码的计算结果，请按Shift+F9组合键。
·如果该行或列中含有空单元格，则Word将不对这一整行或整列进行累加。要对整行或整列求和，请在每个空单元格中输入零值。

二、单元格引用

在很多情况下要参加计算的数据并不都是连续排列在某一行（或列）中，这时进行运算就需要进行单元格的引用。

在表格中执行计算时，可用A1、A2、B1、B2的形式引用表格单元格，其中字母表示"列"，数字表示"行"，如图7.31所示。

使用公式进行计算时，又要分成3种应用方式。

1. 引用单独的单元格

在公式中引用单元格时，用逗号分隔单个单元格，而选定区域的首尾单元格之间用冒号分隔。

例如，计算下列单元格的平均值：

▦ =AVERAGE（B:B）或 = AVERAGE（B1:B3）
▦ = AVERAGE（A1:B2）
▦ = AVERAGE（A1:C2）或 = AVERAGE（1:1,2:2）
▦ = AVERAGE（A1,A3,C2）

2. 引用整行或整列

可以用以下方法在公式中引用整行和整列。

（1）使用只有字母或数字的区域进行表示，例如，1:1表示表格的第一行，B:B表示表格中的第二列。如果以后要在行或列中添加其他的单元格，这种方法允许计算时自动包括一行（列）中所有单元格的数据。

（2）使用包括特定单元格的区域。例如，A1:A3表示只引用一列中的三行，即第一列中的最上面三个单元格。使用这种方法可以只计算特定的单元格。如果将来要添加单元格而且要将这些单元格包含在计算公式中，则就需要编辑计算公式。

3. 引用另一个表格中的单元格

若要引用其他表格中的单元格或从表格外部引用单元格，可用书签标记表格。例如，域{ =AVERAGE（Table2 B:B）}是对书签"Table2"所标记表格中的B列求平均值。

三、通过单元格应用在表格中进行其他计算

操作步骤如下：
1. 单击要放置计算结果的单元格。
2. 单击"布局"选项卡下的"数据"组中的"公式"按钮，会启动"公式"对话框。
3. 如果Word默认列出的公式并非所需，将其从"公式"框中删除，但不要删除等号。
4. 在"粘贴函数"框中，选择所需的公式。例如，要进行求和，请选择"SUM"

在公式的括号中键入单元格引用。例如，如果需要计算单元格 B2,C2,D2,E2,F2,G2中数值的和，应建立这样的公式：=SUM（B2,C2,D2,E2,F2,G2）。本例中是求和，如果求平均，可用=AVERAGE（B2,C2,D2,E2,F2,G2）。因为B2,C2,D2,E2,F2,G2单元格的位置排列是连续的，所以求和公式还可以写成=SUM（B2:G2）。

5. 在"数字格式"框中输入数字的格式。例如，要以两位小数显示数据，请输入"0.00"，示例效果如图7.32所示。

	数学	语文	英语	物理	化学	政治	总分	平均分
张爱国	85	94	90	89	86	89	533	88.83
王　明	95	86	86	90	77	75	509	84.33
王一丁	88	85	74	87	78	95	507	84.50
李佳薇	85	74	91	90	79	84	503	83.83
周民民	87	75	88	82	76	89	497	82.83
陈梦龙	79	80	76	94	69	89	487	81.17
李　刚	74	78	89	69	79	96	485	80.83
刘雪梅	87	82	79	68	71	84	471	78.50
赵　蕙	80	84	79	77	69	76	465	77.50

	A	B	C
1	A1	B1	C1
2	A2	B2	C2
3	A3	B3	C3

图7.31　单元格引用　　　　　　　　　　　图7.32　示例效果图

提示

· Word是以域的形式将结果插入选定单元格的。如果更改了引用单元格中的值，请选定该域，然后按F9键，即可更新计算结果。

· Word表格的计算只是一些简单的计算，可以考虑使用Excel来执行复杂的计算。

7.5　表格和文本之间的转换

Word 2010中允许文本和表格进行互相转换。当用户需要将文本转换为表格时，首先应将需要进行转换的文本格式化，即把文本中的每一行用段落标记隔开，每一列用分隔符（如逗号、空格、制表符等）分开，否则系统将不能正确识别表格的行、列，从而导致不能正确地进行转换。

7.5.1　将表格转换为文本

将表格转换为文本的操作步骤如下：

1. 选择要转换为文本的表格或表格内的行。

图7.33　"表格转换成文本"对话框

2. 单击"布局"选项卡下的"数据"组中的"转换为文本"按钮，打开"表格转换成文本"对话框，如图7.33所示。

3. 在"文字分隔符"下，单击所需的选项，例如可选择"制表符"作为替代列边框的分隔符。将图7.34（a）所示的表格转换为图7.34（b）所示的文本。

	数学	语文	英语	物理	化学	政治
张爱国	85	94	90	89	86	89
王 明	95	86	86	90	77	75
王一丁	88	85	74	87	78	95
李佳薇	85	74	91	90	79	84
周民民	87	75	88	82	76	89
陈梦龙	79	80	76	94	69	89
李 刚	74	78	89	69	79	96
刘雪梅	87	82	79	68	71	84
赵 茜	80	84	79	77	69	76

	数学	语文	英语	物理	化学	政治
张爱国	85	94	90	89	86	89
王 明	95	86	86	90	77	75
王一丁	88	85	74	87	78	95
李佳薇	85	74	91	90	79	84
周民民	87	75	88	82	76	89
陈梦龙	79	80	76	94	69	89
李 刚	74	78	89	69	79	96
刘雪梅	87	82	79	68	71	84
赵 茜	80	84	79	77	69	76

（a）转换前的表格　　　　　　　　　　（b）转换后的文本

图7.34 将表格转换为文本

7.5.2 将文本转换成表格

将文本转换为表格时，使用逗号、制表符或其他分隔符标记新的列开始的位置。

将文本转换为表格的操作步骤如下：

1. 选择要转换的文本。

2. 在准备转换成表格的文本中，用逗号、制表符或其他分隔符标记新的列开始的位置。例如，在有两个字的一行中，在第一个字后插入逗号或制表符，从而创建一个两列的表格。

3. 单击"插入"选项卡下的"表格"组中的"表格"按钮，弹出下拉菜单，单击"文本转换成表格"命令。弹出"将文字转换成表格"对话框，如图7.35所示。

4. 在"表格尺寸"选项组中的"列数"文本框中输入所需的列数，如果选择列数大于数据元组的列数，后面会添加空列；在"文字分隔位置"下，单击所需的分隔符选项，如选择"制表符"。

5. 单击"确定"按钮，关闭对话框，完成相应的转换。

例如，将图7.34（b）所示的文本转换成表格后的效果如图7.36所示。

图7.35 "将文字转换成表格"对话框

	数学	语文	英语	物理	化学	政治
张爱国	85	94	90	89	86	89
王 明	95	86	86	90	77	75
王一丁	88	85	74	87	78	95
李佳薇	85	74	91	90	79	84
周民民	87	75	88	82	76	89
陈梦龙	79	80	76	94	69	89
李 刚	74	78	89	69	79	96
刘雪梅	87	82	79	68	71	84
赵 茜	80	84	79	77	69	76

图7.36 将文本转换为表格的效果图

【动手实验】制作一个简单的学生期末成绩表。

主要操作步骤如下：

1. 单击"插入"选项卡下的"表格"按钮，在单元格选择板上选中8行5列的表格。

2. 单击"设计"选项卡下的"表格样式"组中的▼按钮选择所需的表格样式，如图7.37所示。

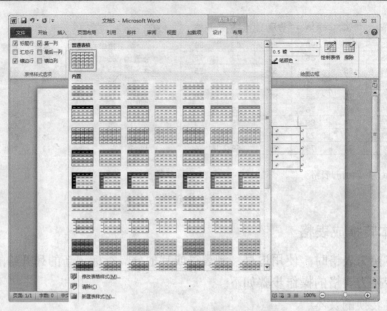

图7.37　表格样式列表以及效果预览

3. 选择"设计"选项卡下的"表格样式选项"组中的"标题行"、"第一列"、"汇总行"、"镶边行"选项。

4. 填入学生成绩的数据，并排版，单击"布局"选项卡下的"对齐方式"组中的"居中"按钮。制作的原始信息表的效果图如7.38所示。

5. 统计学生总成绩。将光标插入点放置到需要计算总分的单元格中，单击"布局"选项卡下的"数据"组中的"公式"按钮ƒ，打开"公式"对话框，在"公式"文本框中使用公式=SUM（LEFT），再单击"确定"按钮，效果图如7.39所示。

学生期末成绩表

	数学	语文	外语	总分
张小华	78	85	86	
刘 烨	98	82	93	
王一凡	87	84	81	
付春华	95	84	90	
李 强	75	67	74	
赵 威	86	76	68	
平均分				

图7.38　原始信息表

学生期末成绩表

	数学	语文	外语	总分
张小华	78	85	86	249
刘 烨	98	82	93	273
王一凡	87	84	81	252
付春华	95	84	90	269
李 强	75	67	74	216
赵 威	86	76	68	230
平均分				

图7.39　统计后的效果图

6. 按同样的方法求每个学生的平均分。

7. 按照学生的总成绩进行降序排序。

· 单击"布局"选项卡下的"数据"组中的"排序"按钮₂↓，打开"排序"对话框，在"主要关键字"下拉框中选择"总分"，在"类型"下拉框中选择"数字"，选中"降序"按钮，如图7.40所示。

· 单击"确定"按钮。

到此，一个简单的学生期末成绩表制作完成，效果如图7.41所示。

图7.40 "排序"对话框

学生期末成绩表

	数学	语文	外语	总分
刘 烨	98	82	93	273
付春华	95	84	90	269
王一凡	87	84	81	252
张小华	78	85	86	249
赵 威	86	76	68	230
李 强	75	67	74	216
平均分	86.5	79.66	82	248.17

图7.41 制作后的"学生期末成绩表"

第8章 制作图文并茂的文档

图像作为信息的载体比起文字来具有容量大，易引起读者注意等特点。用户在制作文档时一般都希望能够图文并茂，这样既会使内容丰富，又有较好的视觉效果。Word 2010可以使用两种基本类型的图形来增强文档的效果：图形对象和图片。借助于Word 2010提供的大量图像处理功能，用户可以非常方便地制作出满意的文档。

首先来解释一下本章中提到的一些概念。

·位图：由一系列小像素点组成的图片，就好像一张方格纸，填充其中的某些方块以形成形状或线条。位图文件通常使用扩展名.bmp。

·图形对象：可用于绘制或插入的图形，可对这些图形进行更改和完善。图形对象包含自选图形、图表、曲线、线条和艺术字。

·图片：包括扫描的图片、照片和剪贴画等。插入图片的文件格式常用的有BMP、TIF、PSD、JPEG、GIF等。

·自选图形：一组现成的形状，包括如矩形和圆这样的基本形状，以及各种线条和连接符、箭头总汇、流程图符号、星与旗帜、标注等。

8.1 插入图片

Word 2010允许以6种方式插入图片：插入来自文件中的图片、插入剪贴画、插入形状，插入SmartArt、插入图表和插入屏幕截图。使用"插入"选项卡下的"插图"组中的6个功能按钮即可方便地插入图片。

8.1.1 插入来自文件中的图片

用户在文档中除了插入Word 2010附带的剪贴画之外，还可以从磁盘等辅助外设中选择要插入的图片文件。

在文档中插入来自文件中的图片的操作步骤如下：

1. 将光标置于要插入图片的位置。

2. 单击"插入"选项卡下的"插图"组中的"图片"按钮，打开"插入图片"对话框，如图8.1所示。

3. 定位到要插入的图片上。如果希望通过预览选择图片，可在文件夹的空白地方单击鼠标右键，在弹出的快捷菜单中选择"查看"→"缩略图"命令，或者单击"插入图片"对话框右上角的"视图"按钮，弹出下拉菜单，选择"预览"命令，这时在"插入图片"对话框的右边则会显示出已选择图片的预览结果。

4. 双击需要插入的图片，这样图片就插入到文档中去了。

在默认情况下，Word 2010在文档中直接嵌入图片，但如果插入的图片过多，会使文档尺寸变得很大，此时用户可以通过使用链接图片的方法来减少文档大小。操作方法是，在"插入图片"对话框中，单击"插入"按钮旁边的箭头，然后在打开的"插入"菜单中选择

"链接到文件"选项即可，如图8.2所示。

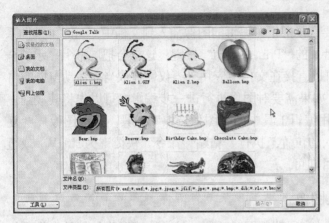

图8.1 插入图片"对话框　　　　　　　　　图8.2 "插入"菜单

8.1.2 以对象的方式插入图片

单击"插入"选项卡下的"文本"组中的"对象"按钮，弹出如图8.3所示"对象"对话框。在"新建"选项卡中的"对象类型"下拉列表框中选择需要进行插入的对象类型；也可以选择"由文件创建"选项卡进行插入。

在Word 2010中插入一个图形对象时，图形对象的周围会放置一块绘图画布。绘图画布会帮助用户安排图形在文档中的位置。绘图画布帮助用户将图形中的各部分

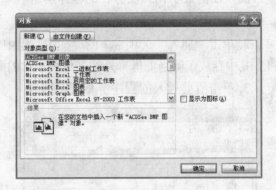

图8.3 "对象"对话框"新建"选项卡

整合在一起，当图形对象包括几个图形时，这个功能会很有帮助。绘图画布还在图形和文档的其他部分之间提供一条类似图文框的边界。在默认情况下，绘图画布没有背景或边框，但是如同处理图形对象一样，可以对绘图画布应用格式。默认情况下，插入图形对象（艺术字除外）时，会在文档中放置绘图画布。画布会自动嵌入文档文本。

如果在"对象类型"中选择"ACDSee BMP图像"项，则会弹出一个窗口用于编辑图片，其中有一个绘图画布，可以在里面插入图形图像文件，或者直接在里面绘图。关闭该窗口后，所编辑的图片就位于文档中了。

如果选择"位图图像"项，会弹出一个窗口用来编辑绘制的位图文件，关闭该窗口后，所编辑的图片就位于文档中了。

如果要以"由文件创建"方式插入图片，可打开"对象"对话框中的"由文件创建"选项卡页面，如图8.4所示，单击"浏览"按钮，选择准备插入的图片，再单击"确定"按钮即可。该对话框中两个选项的含义如下。

·链接到文件：如果在文档外部对图片进行了修改，对图片的修改会自动反映到文档中。

·显示为图标：图片在文档中显示为图标形式。通过双击该图标，可以直接启动编辑器对图片进行编辑。

8.1.3　直接从剪贴板插入图像

有时用户需要截取屏幕，或者需要直接把正在编辑的图像插入到文档中，这时可借助系统的剪贴板。如果需要截屏，可按键盘上的"Print Screen"按键，这样会把屏幕上显示的全部内容抓取，并存在剪贴板中，之后可以直接在文档中应用。若仅需抓取当前活动窗口的内容，可以按下Alt+Print Screen组合键。如果需要对图像进行进一步编辑，可以先将其放到一些图像处理工具中，处理完毕后再利用编辑工具中的"图像选取"工具，选取图像，"复制"到剪贴板中，单击文档的需要插入的位置，执行"粘贴"命令（快捷键为Ctrl+V）或直接单击"剪贴板"窗格中要粘贴的项目即可。

8.1.4　通过"屏幕截图"选项插入图像

Word 2010提供了非常方便和实用的"屏幕截图"功能，该功能可以将任何最小化后收藏到任务栏的程序屏幕视图等插入到文档中。

一、插入任何最小化到任务栏的程序屏幕

1. 将光标置于要插入图片的位置。

2. 单击"插入"选项卡下的"插图"组中的"屏幕截图"按钮，弹出"可用视窗"窗口，其中存放了除当前屏幕外的其他最小化的藏在任务栏中的程序屏幕视图，如图8.5所示。

3. 单击所要插入的程序屏幕视图即可。

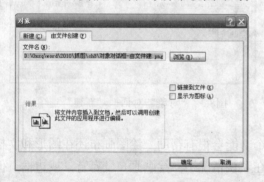

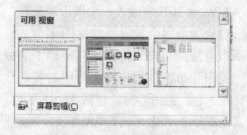

图8.4　"对象"对话框"由文件创建"选项卡　　　　图8.5　"可用视窗"窗口

二、插入屏幕任何部分的图片

1. 将光标置于要插入图片的位置。

2. 单击"插入"选项卡下的"插图"组中的"屏幕截图"按钮，在弹出的"可用视窗"窗口中，单击"屏幕剪辑"选项。此时"可用视窗"窗口中的第一个屏幕被激活且成模糊状，鼠标变为十形状。

3. 将光标移到需要剪辑的位置，按鼠标左键剪辑图片的大小。剪辑好图片后，放开鼠标左键即可完成插入操作。

提示　"屏幕截图"功能是Word 2010新增的功能。

8.2 设置图片或图形对象的格式

图片放在文档中以后，往往可能存在这样或那样的问题，比如图片大小、位置、文字环绕方式等都需要调整。要修改图片的格式首先必须选中该图片，在图片上单击，待周围出现控点时即选中了图片。选中图片后，功能区会出现如图8.6所示的"格式"选项卡，里面包含了一些图像处理工具。

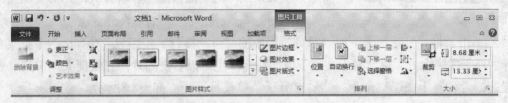

图8.6 图片工具"格式"选项卡

8.2.1 设置图片或图形对象的版式

图片默认以"嵌入"方式插入文档中，不能随意移动位置，且不能在周围环绕文字。为了更好地进行排版，需要更改图片的位置以及与文字间的关系。设置图片或图形对象的版式主要有以下3种方式：

一、更改图片或图形对象的文字环绕方式

Word 2010提供了不同的环绕类型，允许用户为不在绘图画布上的浮动绘图画布或图形对象更改该设置，不能更改已在绘图画布上的对象的设置。操作步骤如下：

1. 单击选定图片、图形对象或绘图画布。

2. 单击"格式"选项卡下的"排列"组中的"自动换行"按钮，在弹出的下拉菜单中列出了七种环绕方式："嵌入型"、"四周型"、"紧密型"、"穿越型"、"上下型"、"衬于文字下方"和"浮于文字上方"，其中以图示表示了该环绕方式的效果，用户可以根据需要选择相应的环绕方式。选择"其他布局选项"命令，还可以打开"布局"对话框，系统默认显示"文字环绕"选项卡，如图8.7所示。

图8.7 "布局"对话框"文字环绕"选项卡

3. 如果需要选择其他文字环绕选项或者要对图像距离正文的距离进行更精确的设置，可以在"环绕方式"组中选择合适的环绕方式，在"自动换行"组下选择文字的位置。在"距正文"组下的"上"、"下"、"左"、"右"输入框中输入相应的数值，然后单击"确定"关闭对话框。

提示 如果"位置"选项卡中的"水平"，"垂直"和"选项"项为灰色不可用时，可以先设置图片为非"嵌入型"环绕方式，然后再进行操作，这个时候所有功能都会变为可用了。

二、将图形对象移到文字前后

可以把不在绘图画布上的绘图画布或浮动对象（浮动对象是指插入绘图层的图形或其他对象，可在页面上为其精确定位或使其位于文字或其他对象的上方或下方）移到文字前后。但是不能更改嵌入对象（嵌入对象是指在文档中，直接从插入点放置到文字中的图形或其他对象）或在绘图画布上的对象的设置。

操作步骤如下：

1. 选定图片、图形对象或绘图画布。如果图片为"嵌入式"环绕方式，则需要调整为其他环绕方式。

2. 单击"格式"选项卡下的"排列"组中的"自动换行"按钮，在弹出的下拉菜单中选择"浮于文字上方"或"衬于文字下方"命令。也可以右击图片，在快捷菜单中选"置于顶层"或者"置于底层"命令，然后打开子菜单进行选择，如图8.8所示。

三、相对于页面、文字或其他基准定位图形对象

可以相对于页面、文字和其他基准定位不在绘图画布上的图片或浮动对象，但不能更改嵌入式对象或在绘图画布上的对象的设置。

单击"格式"选项卡下的"排列"组中的"位置"按钮，在弹出的下拉菜单中可以选择文字环绕的方式，如图8.9所示。移动鼠标从下拉菜单中滑过，可以在预览区看到应用了这些环绕方式后的文档效果。单击"其他布局选项"命令，可以打开"布局"对话框，选择"位置"选项卡，如图8.10所示。选择定位所需的水平和垂直区下的对齐方式、绝对位置、书籍版式等。可以将对象与基准对齐，也可以输入精确的数字来确定对象与基准的位置关系。

图8.8　"置于顶层"子菜单

图8.9　"位置"下拉菜单

图8.10所示对话框中"选项"区的选项介绍如下：

· 若要确认选定的对象随其锁定的段落一起上下移动，请选中"对象随文字移动"复选框。

· 若要确认移动对象时总是以同一段落作为基准，请选中"锁定标记"复选框。

· 若要使有相同环绕样式的对象重叠，请选中"允许重叠"复选框。

8.2.2　设置图片的大小

在很多情况下，插入文档中的图片因为大小不适合，会对排版效果产生不好的影响。用户可根据需要自行设置图片的大小。

设置图片大小的方法如下：

1. 选中要设置的图片。

2. 单击 "格式" 选项卡下的 "大小" 组中的 "高度"、"宽度" 按钮右侧的微调框进行调整。

3. 也可单击 "格式" 选项卡下 "大小" 组中的右下角的大小启动器按钮 ""，打开 "布局" 对话框，选择 "大小" 选项卡，如图8.11所示。在 "高度"、"宽度" 选项组下输入相应的数值，或者在 "缩放" 选项组下的 "高度"、"宽度" 栏中输入相应的比例值。如果不需要让图像按比例缩小，可取消 "锁定纵横比" 复选框的选定，这样在修改一个值（高度或者宽度）的时候，另外一个值（宽度或高度）不会随之改变。如果要取消对图片的修改，单击原始尺寸下的 "重置" 按钮，则图片会恢复原来的大小。

图8.10　"布局" 对话框 "位置" 选项卡

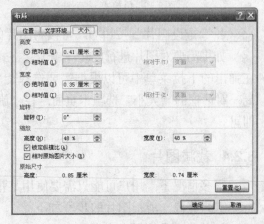

图8.11　"布局" 对话框 "大小" 选项卡

另外还可以直接用鼠标来改动图片的大小：

1. 将鼠标指针置于图像上的一个尺寸控点之上。

2. 拖动尺寸控点，直至得到所需的形状和大小。

若要在一个或多个方向上增加或缩小图像大小，可以拖动鼠标使其远离或靠近中心，同时执行下列操作之一：

·若要使对象的中心保持在相同的位置，请在拖动鼠标的同时按住Ctrl键。

·若要保持对象的比例，请拖动其中一个角控点。角控点的位置如图8.12所示。

·若要使对象的中心保持在相同的位置并且比例不变，请在拖动其中一个角控点的同时按住Ctrl键。

8.2.3 设置图片属性

"格式" 选项卡下的 "调整" 组中提供了几个可以对图片的属性进行修改设置的按钮工具。各个按钮功能如下：

1. "重新着色" 按钮：主要用来更改图像的色彩，单击该按钮会弹出如图8.13所示的下拉菜单。用鼠标在下拉菜单上滑过，可以预览其效果。

2. "更正" 按钮：用于提高或者降低图片对比度、亮度或清晰度，单击该按钮会弹出相应下拉菜单。用鼠标在下拉菜单上滑过，可以预览其效果。

3. "压缩图片" 按钮，用于压缩文档中的图片以减小其尺寸。单击该按钮，可以打开 "压缩图片" 对话框，如图8.14所示。如果仅需要对所选图片进行压缩，则选中 "仅应用于此图片" 复选框。

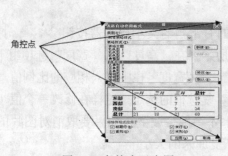

角控点

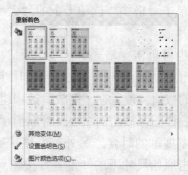

图8.12　角控点示意图　　　　　　图8.13　"重新着色"按钮下拉菜单

4. "重设图片"按钮：可以将图片的尺寸，颜色等恢复到原始状态。

如果需要对图片进行旋转，单击"格式"选项卡下的"排列"组中的"旋转"按钮，在弹出的下拉菜单中可以根据需要选择旋转的角度。选择"其他旋转选项"，可打开"布局"对话框的"大小"选项卡页面，在"旋转"区的"旋转"框中输入要旋转的任意角度值即可。

8.2.4　裁减图片

很多情况下，用户可能只需要使用某张图片的一部分区域，这样就需要对插入的图片进行一定的剪裁。剪裁图片的步骤如下。

1. 单击选取需要裁剪的图片。

2. 单击"格式"选项卡下的"大小"组中的"裁剪"按钮，弹出如图8.15所示的下拉菜单。

图8.14　"压缩图片"对话框　　　　　图8.15　"裁剪"下拉菜单

3. 根据需要选择相应的命令，此时鼠标变为 I 形状。

4. 将鼠标移至需裁剪的图片上，此时鼠标变为 形状，进行所需的裁剪，直至得到所需的形状和大小。

5. 将光标移至裁剪图片之外的空白处，单击鼠标左键完成裁剪操作。

8.2.5　给图片添加边框

用户可以为图形对象和图片添加边框，用更改或设置线条格式的方法来更改或设置对象的边框格式，也可以使用纯色、渐变、图案、纹理或图片来填充图形对象。如果需要颜色或填充效果显示在页面上的所有文本之下，可以使用水印、背景或主题功能。

给图片添加边框的操作步骤如下：

1. 选中需要添加边框的图像对象。

2. 单击"格式"选项卡下的"图片样式"组中的"图片边框"按钮，在弹出的下拉菜单（如图8.16所示）中可以设置轮廓颜色、边框线型，以及更改线条粗细等。

还可以右击图片，在弹出的快捷菜单中选取"设置图片格式"命令，打开"设置图片格式"对话框，在左边的列表中选择"线型"选项，如图8.17所示，这时可以精确设置线型的宽度、复合类型、线端类型等。

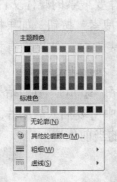

图8.16　"图片边框"下拉菜单　　　　　　　图8.17　"设置图片格式"线型对话框

8.2.6　修改图片的样式

"格式"选项卡下的"图片样式"组中提供了功能强大的图片样式处理工具。使用它们，可以很容易地制作出效果精美的图片。

首先选中要修改的图片，单击"格式"选项卡下的"图片样式"组中的"其他"按钮，弹出其下拉菜单，其中显示了Word 2010提供的图片样式效果，如图8.18所示。将鼠标在各种样式上滑过时，可以预览其效果。

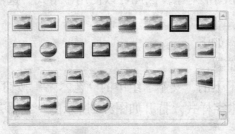

图8.18　图片样式效果菜单

单击"图片样式"组中的"图片效果"按钮，在弹出的下拉菜单中，可以进一步设置图片的效果。可以选择"预设"效果，或者选择"阴影"、"映像"、"发光"，"柔化边缘"、"棱台"、"三围旋转"等效果。用鼠标在这些效果上划过，可以预览到其效果。

8.3　插入剪贴画

Word 2010提供了许多剪贴画，在"剪辑管理器"的帮助下，可以很轻松地管理剪贴画和其他媒体，也可以到网络上寻找相关的图片并直接插入到文档中。

图8.19　"剪贴画"任务窗格

插入剪贴画的操作步骤如下:

1. 单击文档中要插入剪贴画的位置。

2. 单击"插入"选项卡下的"插图"组中的"剪贴画"按钮，则文档右边出现"剪贴画"任务窗格。在"搜索文字"框中输入需要查找的关键字。在"搜索范围"框内选择合适的收藏集，能够快速准确地找到相关图片。在"结果类型"框中选择要搜索的媒体文件的类型。

3. 单击"搜索"按钮。如果搜索成功，图像会出现在列表框中。如果没有找到匹配的文件，则会显示"未找到搜索项"。如图8.19所示为输入搜索文字"sports"后的结果。

4. 双击选中所要插入的图片，即可把图片插入到文档中的当前位置。

8.4　插入艺术字

所谓艺术字，是指使用现成效果创建的文本对象，为了使它更加美观，可以对其应用其他格式效果。单击"插入"选项卡下的"文本"组中的"艺术字"按钮，可以插入装饰文字。可以创建带阴影的、扭曲的、旋转的或拉伸的文字，也可以按预定义的形状创建文字。图8.20所示的为经过编辑的艺术字。

因为特殊的文字效果是图形对象，因此可以使用"格式"选项卡下的其他按钮来改变其效果。

插入艺术字的操作步骤如下。

1. 选择插入艺术字的位置;

2. 单击"插入"选项卡下的"文本"组中的"艺术字"按钮，弹出如图8.21所示的下拉菜单，选择所需要的艺术字样式，打开如图8.22所示的"编辑艺术字文字"对话框。

图8.20　艺术字效果

图8.21　"艺术字"下拉菜单

3. 在其中输入所需的文字，本例中输入的文字为"梦翔漫画社"，如图8.22所示。

4. 若需对编辑的艺术字进行格式化，执行下列操作:

　　·若要更改字体类型，请在"字体"列表中选择一种字体。

　　·若要更改字号大小，请在"字号"列表中选择一种字号。

　　·若要使文字加粗，请单击"加粗"按钮。

　　·若要使文字倾斜，请单击"倾斜"按钮。

　　5. 如果需要更改艺术字中的文字，选择要更改的艺术字对象，单击"格式"选项卡下的"文字"组中的"编辑文字"按钮，在弹出的"编辑艺术字文字"对话框（如图8.22所示）中更改文字，再单击"确定"按钮即可。

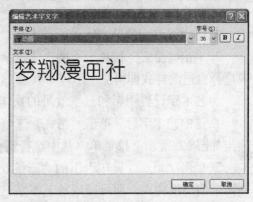

图8.22　"编辑艺术字文字"对话框

8.4.1　设置艺术字的形状和样式

一、设置艺术字的形状

　　Word 2010中提供了大量预定义的艺术字形状供用户使用，设置艺术字形状的操作步骤如下。

　　1. 选中需要设置形状的艺术字。

　　2. 单击"格式"选项卡下"艺术字样式"组中的"更改形状"按钮，弹出如图8.23所示的下拉菜单，其中显示了预定义艺术字形状，选择一种形状即可。

　　如选中了"波形2"形状以后，图8.20所示的艺术字将变为如图8.24所示的形状。同时艺术字的周围出现一系列的控点。拖动绿球控点可以对艺术字进行旋转，推动黄色的小菱形可以对艺术字的形状进行修改。拖动周围的控点可以修改艺术字的大小。如果艺术字周围没有出现如图8.24中所示的控点（若艺术字的环绕方式是嵌入式，则不会出现如图8.24所示的控点），则需要改变艺术字的环绕方式，具体修改方式与修改图片文字环绕方式相同：单击"格式"选项卡下的"排列"组中的"自动换行"按钮，选择除嵌入型以外的其他环绕方式均可。

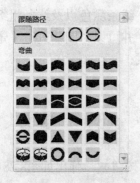

图8.23　"更改艺术字形状"下拉菜单

图8.24　"波形2"形状的艺术字效果图

二、设置艺术字的样式

　　还可以为已经插入到文档中的艺术字设置样式，并根据需要对艺术字进行各种设置或者重新调整。

改变艺术字样式的操作步骤如下：

1. 选中要改变的艺术字。

2. 单击"格式"选项卡下的"艺术字样式"组上的"其他"按钮▼，从弹出的下拉菜单中选择合适的样式即可。

为艺术字设置阴影和三维效果的操作步骤如下。

1. 选中艺术字后，单击"格式"选项卡下的"阴影效果"组中的"阴影效果"按钮▢，弹出如图8.25所示下拉菜单，从中选择需要的阴影样式，即可完成艺术字的阴影设置。

2. 单击"格式"选项卡下的"三维效果"按钮▢，打开如图8.26所示下拉菜单，从中选择需要的三维样式，即可完成对艺术字三维效果的设置。

还可以使用"设置艺术字格式"对话框来对艺术字进行一定的设置与调整。右击艺术字，在弹出的快捷菜单中选择"设置艺术字格式"命令，弹出"设置艺术字格式"对话框，如图8.27所示，该对话框中有几个常用选项卡，其功能如下。

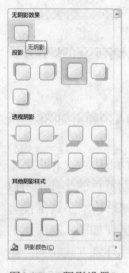

图8.25　"阴影设置"
下拉菜单

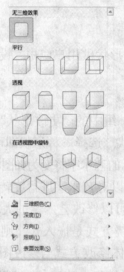

图8.26　"三维设置"
下拉菜单

图8.27　"设置艺术字格式"对话框

· "颜色与线条"选项卡：设置艺术字的填充颜色、线条颜色以及线条粗细。

· "大小"选项卡：调整艺术字的大小、高度宽度，并可以对图片进行一定的旋转。

· "版式"选项卡：设置艺术字的位置以及环绕方式。

8.4.2　设置艺术字的字符间距

在对艺术字进行编辑时，可以调整艺术字的字符间距，其操作步骤如下：

1. 选中要进行调整的艺术字。

2. 单击"格式"选项卡下的"文字"组中的"间距"按钮 AV，弹出如图8.28所示的下拉菜单。

3. 选择需要的艺术字间距。如果需要自动调整字间距，使艺术字字间距平均，选择"自动缩紧字符对"项。

8.4.3 设置艺术字的对齐方式

Word 2010允许设置艺术字的对齐方式，其中有以下6种对齐方式："左对齐"、"居中"、"右对齐"、"单词调整"、"字母调整"和"延伸调整"，设置对齐方式的操作步骤如下：

选中艺术字后，单击"格式"选项卡下的"文字"组中的"文本对齐"按钮▤▾，打开如图8.29所示的艺术字对齐方式下拉菜单。

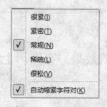

图8.28 调整艺术字字符间距   图8.29 对齐方式下拉菜单

该下拉菜单中常用选项的含义如下。

· 左对齐：将所选艺术字的文字向左对齐。

· 居中：将所选艺术字的文字居中放置。

· 右对齐：将所选艺术字的文字向右对齐。

· 单词调整：自动调整单词间（不是调整单词内的字母之间）的距离。

· 字母调整：通过横向缩放艺术字中文字的宽度来进行调整。

8.4.4 竖排艺术字

Word 2010允许对艺术字进行竖排，令艺术字在竖排与横排之间切换的步骤如下：

1. 选中需要进行处理的横排艺术字。

2. 单击"格式"选项卡下的"文字"组中的"竖排文字"按钮▤。

提示 这里的艺术字竖排效果和艺术字的旋换不是同一个效果。如果需要进行艺术字的"旋转"，应使用"设置艺术字格式"对话框中的"大小"选项卡的"旋转"选项。

8.5 插入图示

SmartArt图可用来说明各种概念性的材料并使文档更加生动（图示不是基于数字的），只需单击几下鼠标即可创建具有设计师水准的插图。Word 2010支持的SmartArt包括列表、流程图、层次结构图、关系图、矩阵和棱锥图等，如图8.30所示。

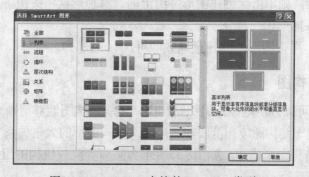

图8.30 Word 2010支持的Smart Art类型

当用户添加或更改一个图示时，Word 2010将自动打开SmartArt工具"设计"和"格式"选项卡，如图8.31所示。

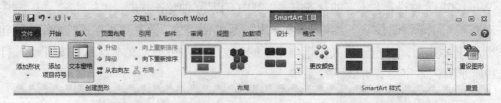

图8.31 Smart Art工具"设计"和"格式"选项卡

如图8.32所示为插入流程图中的"连续块状流程"图示的效果。在图形上右击，在快捷菜单中选择"显示文本窗格"会自动显示"文本窗格"。

图8.32 插入连续块状流程的效果

用户可以使用预设的样式为整个图示设置格式，或者使用与设置形状格式相似的方式（添加颜色和文字、更改线条粗细和样式、添加填充、纹理和背景）设置某些部分的格式。添加图示的操作步骤如下。

1. 单击"插入"选项卡下的"插图"组中的"SmartArt"按钮，弹出前面如图8.30所示的"选择SmartArt图形"对话框。

2. 根据需要单击选中的图示类型，单击"确定"按钮。

3. 选定了插入图示的类型后，即可对其进行相应的编辑工作。可进行以下操作:

· 若要向图示的一个元素中添加文字，则单击该元素，元素会自动切换为编辑模式，在其中输入文字即可。

· 若要添加元素，则单击"创建图形"组上的"添加形状"按钮，或者右击图示，使用快捷菜单中的"添加形状"命令。

4. 编辑完成后，单击图形外的任意地方即可。

8.5.1 插入组织结构图

使用Word 2010可以方便地插入组织结构图。组织结构图能够清晰地反映组织的分层信息和上下级关系。组织结构图应用范围非常广泛，公司内部的人事关系，学校的组织结构等这些都可以用组织结构图来描述。如图8.33所示为某高等院校机构的组织结构图。

　　当添加或更改一个组织结构图时，在组织结构图的周围将出现绘图空间，其周边是非打印边界和尺寸控点。可通过使用尺寸调整命令扩大绘图区域以拥有更大的工作空间，也可通过使边界更适合图示来消除多余的空间。在组织结构图中有各种不同的级别，图8.34给出了组织结构图中各种不同的级别的层次关系。

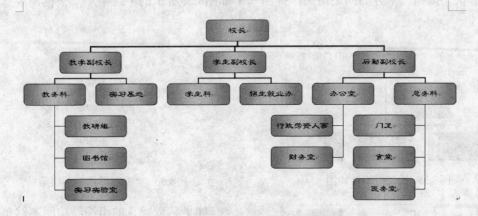

图8.33　学校组织结构图

　　·上级形状：该形状在组织结构图中处于上层，并与职员（下属或合作者形状）或助手形状等任一其他形状相连。

　　·助手形状：在组织结构图中，位于下层并通过肘形连接符与任何其他形状相连。对于该形状所附加到的特定上级形状，此形状放置在其附加下属形状的上面。

　　·下属形状：在组织结构图中，置于上级（或经理）形状下面并与之相连。

　　·同事形状：在组织结构图中，位于另一个形状旁，它与另一个形状连接到同一个上级（或主管）。

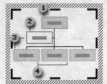

❶ 上级形状
❷ 助手形状
❸ 下属形状（上级形状的助手和下级）
❹ 同事形状（同时也是上级形状的下属）

图8.34　组织结构图中各种级别的层次关系

　　可以使用预设的样式为整个组织设置格式，或者用与设置形状格式相类似的方式（添加颜色和文本；更改线条粗细和样式；添加填充、纹理和背景）设置某些部分的格式。

　　插入组织结构图的操作步骤如下。

　　1. 确定文档中插入点的位置。

　　2. 单击"插入"选项卡下"插图"组中的"插入SmartArt"按钮，弹出"选择SmartArt图形"对话框。

　　3. 在左边列表中选择"层次结构"，再在右边窗口中选择所需的样式，例如"组织结构图"，这样就可以插入组织结构图。

　　4. 单击"确定"按钮，文档中就插入了一个如图8.35所示的基本组织结构图，同时系统会自动切换到"设计"选项卡。

　　5. 对插入的组织结构图进行编辑：

·若要向一个形状中添加文字，请用鼠标单击该形状，此形状会自动切换为编辑模式，这时可以直接输入文字，还可以使用"文本窗格"进行文字编辑，但无法向组织结构图中的线段或连接符中添加文字。

·要添加形状，先选择要在其下方或旁边添加新形状的形状，单击"创建图形"组中的"添加形状"按钮▣下方的向下箭头，弹出一个如图8.36所示的下拉菜单，根据需要选择相应的选项。

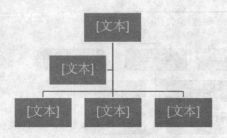

图8.35 插入组织结构图

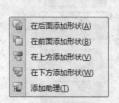

图8.36   "添加形状"下拉菜单

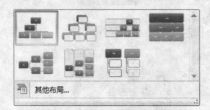

图8.37 Word 2010提供的布局

如果感觉默认的组织结构图不够美观，可以采用"设计"选项卡下的"布局"组中提供的布局，如图8.37所示。另外，也可以修改组织结构图的颜色和样式。单击"设计"选项卡下的"SmartArt样式"组上的"更改颜色"按钮▨，在弹出的下拉菜单中可以选择合适的颜色。用鼠标在样式上滑动时，可以预览其效果。

6. 当完成设置后，单击图形外的任意位置即可完成操作。

8.5.2 修改组织结构图

组织结构图在建立以后往往需要进行一定的修改完善才能令其真正符合要求。

一、添加或删除形状

添加形状，在建立组织结构图时已进行了阐述，这里不再重复。若要删除一个形状，选择该形状并按Delete键即可。

二、更改文字颜色

更改文字颜色的操作步骤如下。

1. 选取要更改的文字。

2. 单击"格式"选项卡下的"艺术字样式"组中"文本填充"按钮▲右部的向下箭头按钮，在弹出的下拉菜单中选择合适的颜色。

·若要将文字颜色更改回默认值，请单击"自动"选项。

·若要将文字颜色更改为另一种颜色，选择一种颜色即可。

三、添加或更改文字

若要向一个形状中添加文字，单击该形状，待其变为编辑模式后输入文字，或直接使用"文本窗格"输入即可。

四、更改形状的填充颜色

1. 选择要更改的形状。

2. 单击"格式"选项卡下的"形状样式"组右下角的"对话框启动器"按钮（或在要更改的形状上右击，在弹出的快捷菜单中选择"设置形状格式"命令），打开"设置形状格式"对话框，如图8.38所示。

3. 根据需要选择填充方式并设置填充颜色等。

五、更改线型或颜色

其操作步骤如下：

1. 选取要更改的线条或连接符。

2. 单击"格式"选项卡下的"形状样式"组中的"形状轮廓"按钮 。

3. 在弹出的下拉菜单中选择颜色或者线条形状。

图8.38 "设置形状格式"对话框

8.6 插入图表

图表可以以图形的方式直观地反映数据，比起单纯的数据表格它更能吸引读者的注意。插入图表的操作步骤如下：

1. 选取要插入图表的位置。

2. 单击"插入"选项卡下"插图"组中的"图表"按钮 ，打开"插入图表"对话框，如图8.39所示。

3. 在"插入图表"对话框中选择图表的样式，比如"折线图"，程序会自动打开Excel程序，其中显示了折线图的数据源，如图8.40所示，可以在此对数据进行修改。

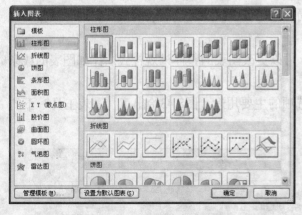

图8.39 "插入图表"对话框

图8.40 Excel中的数据源

4. 修改完后，关闭Excel，则Word 2010会自动根据数据源中数据的内容生成折线图，如图8.41所示。

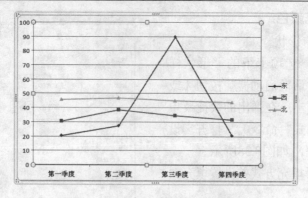

图8.41　"折线图"样式下生成的图表

当在文档中插入图表后，功能区中会自动增加"图表工具"选项组，它包括三个选项卡，分别为"设计"、"布局"和"格式"，如图8.42所示。

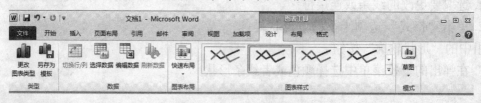

图8.42　"图表工具"下的"设计"选项卡

下面简要介绍一下"设计"选项卡。

·如果需要更改图表类型，比如把折线图更改为柱状图，请单击"类型"组中的"更改图表类型"按钮，这时会弹出"更改图表类型"对话框，可以重新选择图表的类型。

·如果需要把此图表的格式和布局保存为模板，以供其他图表使用，单击"另存为模版"按钮。

·单击"数据"组中的"切换行/列"按钮，可以把行和列的数据进行交换。

·单击"数据"组中的"编辑数据"按钮，可以查看与图表关联的数据。

·如果需要修改图表对应的数据域的值，单击"选择数据"按钮。

·使用"图表布局"组中的"快速布局"按钮可以快速更改图表的整体布局，调整各元素的相对位置。

·使用"图表样式"组中的样式按钮，可以更改图表的整体外观样式，比如图表的线条形状、颜色等。

下面简要介绍一下"布局"选项卡下选项的主要用途（图8.43给出了"图表工具"下的"布局"选项卡）。

图8.43　"图表工具"下的"布局"选项卡

·使用"标签"组中的"图表标题"按钮，可以添加、删除标题和设置标题的位置。

·使用"标签"组中的"坐标轴标题"按钮，可以添加、删除标题和设置主要横坐标标题和主要纵坐标标题。

·使用"标签"组中的"图例"按钮，可以设置图例是否显示，以及显示的位置和方式。

·使用"标签"组中的"数据标签"按钮，可以设置数据标签是否显示及其显示的位置、对齐方式。

·使用"标签"组中的"模拟运算表"按钮，可以设置数据表、图例项标示是否显示及显示方式。

·使用"坐标轴"组中的"坐标轴"按钮，可以设置是否显示横纵坐标轴及坐标轴的样式。

·使用"坐标轴"组中的"网格线"按钮，可以设置横、纵网格线是否显示及一些其他选项。

8.7 绘制图形

用户有时候需要绘制一些图形来说明要讲述的内容，比如流程图等，这样有助于更好地说明问题。Word 2010提供了强大的绘图功能，使用它们可以随心所欲地绘制喜欢的图形。

利用如图8.44所示的"插入形状"菜单可方便地绘制图形。

8.7.1 使用绘图画布

在Word 2010中创建绘图时，默认情况下会显示一个绘图画布，用来帮助用户安排和重新定义图形对象的大小。

使用绘图画布绘制图形的操作步骤如下。

1. 单击文档中要创建图形的位置。

2. 单击"插入"选项卡下的"插图"组中的"形状"按钮，在其下拉菜单中选择"新建绘图画布"命令，这样绘图画布就插入到文档中了。此时功能区会自动增加"绘图工具"选项组，其中有一个"格式"选项卡。

3. "格式"选项卡下显示了一组形状样式，若想查看全部形状样式，单击"形状样式"右下角的▼按钮，在弹出的下拉菜单中可以选择合适的形状样式。用鼠标在样式上面滑动时，可以预览样式效果，然后在满意的样式上单击即可。

如果需要改变画布的大小，可以将鼠标指针移到画布边框上，待指针变为"┐"、"┤"等形状时按住左键拖动即可。

8.7.2 绘制自选图形

单击"插入"选项卡下的"插图"组中的"形状"按钮，将弹出"插入形状"下拉菜单，其中包括6种类别的图形：线条、基本形状、箭头总汇、流程图、标注、星与旗帜。

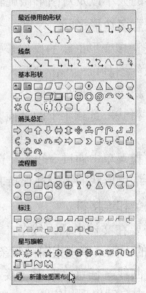

图8.44 "插入形状"菜单

一、绘制基本形状

操作步骤如下：

1. 插入绘图画布。单击"插入"选项卡下的"插图"组中的"形状"按钮，在弹出菜单中选择"新建绘图画布"命令。

图8.45 Word 2010提供的基本形状窗口

2. 单击"插入"选项卡下的"插图"组中的"形状"按钮，在弹出的下拉菜单中选择"基本形状"选项，将显示Word 2010提供的基本形状窗口，如图8.45所示。

从中任选一个形状，将鼠标移到文档的绘图画布中，当它变为"十"形状后，在要放置图形的位置的左上角处单击鼠标，然后拖动鼠标到右下角后放开即可，这个时候图形就放在文档中了。这个时候拖动图形周围的控点，可以调整图形的大小以及对图形做旋转操作（ ↻ ）。

二、绘制任意多边形形状

绘制任意多变形形状的操作步骤如下：

1. 插入绘图画布。单击"插入"选项卡下的"插图"组中的"形状"按钮，在弹出菜单中选择"新建绘图画布"命令。

2. 在"格式"选项卡下的"插入形状"组中单击"▾"按钮，弹出"插入形状"下拉菜单。

3. 在下拉菜单中通过"线条"选项组中的"任意多边形 ↺"选项可以用曲线和直线绘制对象。若要结束形状的绘制并保持其打开状态，只需双击鼠标。

三、绘制线条和连接符

如果需要在文档中插入线条，单击"插入"选项卡下的"插图"组中的"形状"按钮，在弹出的下拉菜单中指向"线条"选项，然后选择所需的线条样式，如直线、箭头、双箭头、自由曲线、任意多变形，接下来在文档中按下左键拖动鼠标以绘制线条，放开鼠标后，则文档中自动出现相应图形。如果选择"曲线"，先单击要开始绘制曲线的位置，再继续移动鼠标，单击要添加曲线的任意位置。若要结束绘制曲线，用鼠标双击即可。若要闭合曲线并生成一个形状，则在其起始点附近处单击。若要从第一个端点向两个相反的方向延长线条，在拖动时按住Ctrl键。

如果希望使用线条来连接形状并保持它们之间的连接，则需要绘制连接符而不是常规的线条。连接符看起来像线条，但是它将始终与其附加到的形状相连。

绘制连接符的步骤如下：

1. 选择要绘制连接符的绘图画布。

2. 单击"插入"选项卡下的"插图"组中的"形状"按钮，在下拉菜单中选择"线条"选项，在"线条"子菜单中，有肘形连接符、肘形箭头连接符、肘形双箭头连接符、曲线连接符、曲线箭头连接符、曲线双箭头连接符，选择所需的连接符即可。

3. 将鼠标指向要将连接符连接到的位置。当鼠标滑过形状时，连接位置将显示为蓝色的圆形。

4. 单击所需的第一个连接位置，选择一个连接符，再单击第二个连接位置即可完成绘制。已锁定或连接的连接符显示为红色圆形，未锁定的连接符显示为绿色圆形。

四、绘制流程图

绘制流程图的操作步骤如下：

1. 插入绘图画布。单击"插入"选项卡下的"插图"组中的"形状"按钮🗔，在弹出菜单中单击"新建绘图画布"命令。

2. 在"格式"选项卡下的"插入形状"组中单击"▾"按钮，然后在其下拉菜单中选择所需的形状。

3. 单击要绘制流程图的位置。

4. 若要向流程图中添加额外的形状，请重复使用步骤2和步骤3添加形状，再按所需的顺序对形状进行排列。

5. 在各形状间添加连接符。

6. 向形状中添加文字：右击形状，在弹出菜单中选择"添加文字"选项，然后在形状中开始输入文字。

> **提示** 不能向线段或连接符上添加文字，使用文本框可在这些绘图对象附近或上方放置文字。

7. 为连接符更改线条或添加颜色。

更改线条或连接符的颜色或形状的操作步骤如下：

（1）选取要更改的线条或连接符。

（2）单击"格式"选项卡下的"文本框样式"组中的"形状轮廓"按钮☑▾旁的向下箭头，在弹出的下拉菜单中根据需要选择形状即可。

8. 为形状添加颜色或填充。首先选取要更改的形状，单击"格式"选项卡下"文本框样式"组中的"形状填充"按钮🌣▾旁的向下箭头，在弹出的下拉菜单中根据需要选择即可。

8.8 编辑自选图形

8.8.1 为图形对象添加文字

用户可以通过题注为图形对象添加文字，也可以直接使用标注来给图形对象添加文字，还可以使用自定义的自选图形或文本框来添加文字。

一、创建带引出线的标注或标签

1. 单击"插入"选项卡下的"插图"组中的"形状"按钮🗔，在弹出的下拉菜单中选择"标注"项，然后在其展开的子菜单中选择所需的标注。

2. 在需要插入标注的位置单击鼠标左键，然后开始输入标注文字。

3. 通过拖动标注的尺寸控点，可以调整标注的大小，也可以将标注拖动到所需的位置。

二、使用"自选图形"添加文字

操作步骤如下：

1. 选定准备插入文本的自选图形。

2. 执行下列操作之一：

·首次添加文字：在图形上右击（线条和任意多边形除外），弹出快捷菜单，再单击快捷菜单中的"添加文字"命令，然后输入文字。

·在已有文字中添加文字：在图形上右击（线条和任意多边形除外），再在弹出的快捷菜单中选择"编辑文字"命令，然后输入文字。

三、利用文本框添加标注或标签

操作步骤如下：

1. 在"插入"选项卡下的"文本"组中，单击"文本框"按钮，在其下拉菜单中可以选择"绘制文本框"、"绘制竖排文本框"、"将所选内容保存到文本框库"选项。

2. 请执行下列操作之一：

·若要按照预定义大小插入文本框，请在文档上单击。

·若要插入不同大小的文本框，请拖动文本框的尺寸控点调整文本框大小。在拖动尺寸控点的同时按住Shift键，可保持文本框的长宽比例不变。

3. 通过拖动将文本框置于所需的位置。

8.8.2 组合图形对象

在有些情况下，用户希望把几个对象组合在一起，以便能够像使用一个对象一样来使用它们。Word 2010提供了组合对象的功能，使用该功能，可以将组合中的所有对象作为一个单元来执行翻转、旋转、以及调整大小或缩放等操作，还可以同时更改组合中所有对象的属性（属性是指可用绘图工具和菜单命令操作的对象或文本功能，如线条填充和文本颜色。）。例如，可以为组合中的所有对象更改填充颜色或添加阴影，或者可以选取组合中的一个项目并为其应用某个属性而无需取消组合，还可以在组合中再创建组合以帮助构建复杂图形。

用户可以随时取消对象的组合，并且可以再重新组合这些对象。

一、组合对象

1. 选取要组合的对象：可以在按住Ctrl键或Shift键的同时选取所需要选择的对象，或直接通过拖动鼠标框住所有图像；

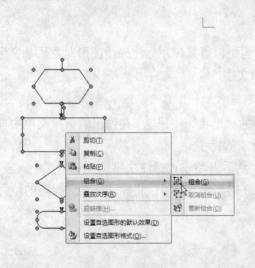

图8.46 组合对象

2. 单击"格式"选项卡下的"排列"组中的"组合"按钮，在弹出的下拉菜单中选择"组合"命令；或者单击鼠标右键，在弹出菜单中选择"组合→组合"命令如图8.46所示。

二、取消组合对象

1. 选取要取消组合的组。

2. 单击"格式"选项卡下的"排列"组中的"组合"按钮，在弹出的下拉菜单中选择"取消组合"命令；或单击鼠标右键，在弹出菜单中选择"组合→取消组合"命令。

三、重新组合对象

1. 选取欲重新组合的对象。

2. 单击"格式"选项卡下的"排列"组中的"组合"按钮，在弹出的下拉菜单中选择"重新组合"命令；或单击鼠标右键，选择"组合→重新组合"命令即可。

提示 组合对象后，仍然可以选取组合中的任意一个对象，方法是首先选取组合，然后单击要选取的对象。

8.8.3 旋转或翻转图形对象

Word 2010允许对插入文档中的图形对象进行翻转和以任意角度进行旋转。可以直接使用鼠标对图形对象进行拉动以实现翻转和旋转，也可以通过"设置对象格式"命令来进行精确的旋转。

一、旋转图形对象的操作步骤

1. 选取要旋转的自选图形、图片或艺术字。

2. 旋转分为多种情况，可根据需要进行操作。

方式1：使用鼠标直接拉动，其操作步骤如下：

（1）向所需的方向拖动对象上的旋转控点。

（2）单击对象以外的地方完成旋转。

方式2：通过"设置对象格式"命令来旋转图片，其操作步骤如下：

（1）选中需要旋转的图片；

（2）单击鼠标右键，在弹出的菜单中单击相应的菜单命令（如"设置对象格式"），弹出"设置对象格式"对话框，单击"大小"选项卡，在"旋转"栏下输入想要旋转的角度值。

如果要向左旋转90度或向右旋转90度，可以用更简便的操作方式：单击"格式"选项卡下的"排列"组中的"旋转"按钮，然后选择"向左旋转"、"向右旋转"、"垂直翻转"、"水平翻转"或使用"其他旋转选项"。

提示 若要将对象的旋转角度限制在15度之内，在拖动旋转控点时按住Shift键。

二、翻转图形对象的操作步骤

1. 选取要翻转的自选图形、图片、剪贴画或艺术字。

2. 单击"格式"选项卡下的"排列"组中的"旋转"按钮，然后在打开的菜单中选择"垂直翻转"、"水平翻转"命令。

8.8.4 填充图形颜色

用颜色和装饰效果填充图形对象的操作步骤如下。

1. 选择需要填充的自选图形、文本框、绘图画布或艺术字。

2. 单击"格式"选项卡下的"形状样式"（或者"文本框样式"）组中的"形状填充"按钮，弹出其下拉菜单。

3. 请执行下列操作之一：

· 若要应用纯色，请单击所需颜色，或单击"其他填充颜色"选项以得到更多选择。

· 若要应用装饰填充，可以选择"渐变"、"纹理"、"图案"或"图片"选项，然后再选择所需选项。

8.8.5 给图形添加阴影

通过使用阴影，可以增加图形对象的深度，调节图形阴影的位置并更改阴影的颜色。

可以单独添加阴影或三维效果，但不能同时添加这两种效果。例如，如果在有阴影的图形对象上应用三维效果，阴影效果将会消失。

一、添加或删除阴影的操作步骤

1. 选取要更改的图片、自选图形、艺术字或文本框。

2. 单击"格式"选项卡下的"阴影效果"组中的"阴影效果"按钮，弹出如图8.47所示的下拉菜单，然后根据需要执行下列操作之一：

· 如果需要添加投影，单击所需的投影样式。

· 如果需要删除阴影，单击"无阴影"项。

· 如果需要添加透视阴影，单击所需的透视阴影。

· 如果要设置阴影颜色，单击"阴影颜色"项。

图8.48给出了为图形添加阴影后的效果图。

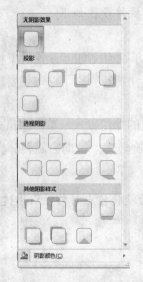

图8.47 "阴影效果"下拉菜单　　　　图8.48 添加阴影后的效果图

提示 当将阴影应用于文本框时，文本框的所有文本和属性都将具有阴影效果。

二、更改阴影的位置

更改阴影位置的操作步骤如下。

1. 选取要更改的图片、形状、艺术字或文本框。

2. 单击"格式"选项卡下的"阴影效果"组中的5个"略移阴影"按钮之一以创建所需的效果，每单击"略移阴影"一次，阴影将移动一次。这5个命令按钮的功能如下：

· 设置/取消阴影。

· 略向上移。

· 略向下移。

· 略向左移。

· 略向右移。

提示 若要将阴影微移6磅，在单击"微移阴影"按钮时按住Shift键。

8.8.6 给图形添加三维效果

通过应用三维效果和阴影效果，可以为线条、自选图形和任意多边形增加深度，还可以更改图形对象的颜色、角度、照明方向和表面效果，使图形对象更有立体感。

一、为图形对象添加三维效果

为图形对象添加三维效果的操作步骤如下：

1. 选择需要设置三维效果的图形对象。

2. 单击"格式"选项卡下的"三维效果"组中的"三维效果"按钮，弹出如图8.49所示的"三维效果"下拉菜单。

3. 在弹出的下拉菜单中，选择所需的三维效果样式。

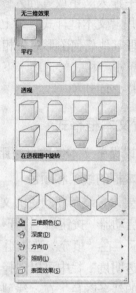

图8.49 "三维效果"下拉菜单

二、更改三维图形对象

若要更改三维效果，可选择不同的三维样式。若要修改当前三维效果的设置，请执行以下操作步骤：

1. 选定要修改三维效果的图形对象。

2. 单击"格式"选项卡下的"三维效果"组中的"三维效果"按钮。

3. 在弹出的"三维效果"下拉菜单中选择所要更改的三维效果项目（例如，三维颜色、深度、方向、照明或表面效果）。

提示 要同时给几个对象添加相同的三维效果，例如相同的颜色，请在添加效果之前，选定这些对象或将其编为一组。

8.9 使用文本框

文本框是一种可移动、可调大小的文字或图形容器。使用文本框，可以在一页上放置数个文字块，或使文字按不同的方向排列。

8.9.1 插入文本框

可以在文档中插入横排的文本框，也可以插入竖排的文本框。在文档中插入文本框的操作步骤如下。

1. 单击"插入"选项卡下的"文本"组中的"文本框"按钮⬛，弹出如图8.50所示的下拉菜单。

2. 若选择"绘制文本框"选项可以绘制横向文本框。选择"绘制竖排文本框"选项可以绘制竖排文本框。选择后鼠标形状会变为"十"。

3. 将鼠标定位到预插入文本框的位置后，单击鼠标左键，即出现所需的文本框，此时可以在文本框中输入文字或者插入图片，并可以进行排版设置。

可以使用"文本框样式"组上的选项来增强文本框的效果，例如，更改其填充颜色。操作方法与处理其他任何图形对象相同。也可以改变文本框中文字的方向，选中需要更改方向的文本框，单击"格式"选项卡下的"文本"组中的"文字方向"按钮⬛，可以自动使文字方向在纵、横之间切换。

8.9.2 设置文本框格式

用户可以设置文本框的页边距、文字环绕方式、大小等。

一、设置文本框的线条和颜色

选中需要设置线条和颜色的文本框，单击"格式"选项卡下的"文本框样式"组右下角的"对话框启动器"按钮⬛，打开"设置文本框格式"对话框，选中"颜色与线条"选项卡，如图8.51所示。在"填充"选项组下的"颜色"列表框中列出可供选择的填充颜色以及填充效果。在"透明度"栏中可以选择颜色的透明度。在"线条"选项组中的"颜色"框中可以选择文本框的线条颜色。在"线型"选择框中可以选择所需要的线型及粗细。在"虚实"选择框中可以选择线条的虚实种类，在"粗细"选择框中可以设置线条的粗细数值。

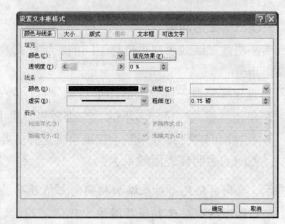

| 绘制文本框(D) |
| 绘制竖排文本框(V) |
| 将所选内容保存到文本框库(S) |

图8.50　"文本框"下拉菜单　　　图8.51　"设置文本框格式"对话框"颜色与线条"选项卡

二、设置文本框的大小

选中需要设置大小的文本框，将鼠标移动到文本框的某一个控制点上，按住鼠标左键进行拖拉即可改变文本框的大小。这种方式不能精确设置文本框的大小，若需要为文本框进行精确设置，请按以下方式进行。

1. 选中需要设置大小的文本框。

2. 单击"格式"选项卡下"文本框样式"组右下角的"对话框启动器"按钮⬛，打开

"设置文本框格式"对话框,选中"大小"选项卡,在"尺寸和旋转"选项组中的"高度"框中设置需要的文本框高度数值,在"宽度"框中设置文本框的宽度数值。如果需要对文本框进行一定的缩放,在"缩放"选项组中的"高度"框中设置高度的缩放比例,在"宽度"框中设置宽度的缩放比例。如果需要在进行缩放的时候保持高度与宽度的比例不变,选中"锁定纵横比"复选框。

三、设置文本框的版式

选中需要设置版式的文本框,单击"格式"选项卡下的"文本框样式"组右下角的"对话框启动器"按钮 ,打开"设置文本框格式"对话框,选中"版式"选项卡,设置方法和设置图片版式的方法一致。

四、设置文本框的内部边距

选中需要设置内部边距的文本框,单击"格式"选项卡"文本框样式"组中右下角的"对话框启动器"按钮 ,打开"设置文本框格式"对话框,选中"文本框"选项卡,在"内部边距"组下有"左"、"右"、"上"、"下"选项,请在相应位置设置合适的数值。

Word 2010默认选中"Word在自选图形中自动换行"复选框,如果不需要自动换行,可以取消选中该复选框。选择"转换为图文框"复选框,可以将所选文本框转换为图文框。

8.9.3 文本框的链接

通过建立文本框的链接使得文档中的多个文本框中的文字可以互用。

如果要对文本进行大量的修改,建议在将文本复制到空的链接文本框中之前进行修改。

创建文本框链接的操作步骤如下:

1. 单击"视图"选项卡下的"文档视图"组中的"页面视图"按钮 (或直接单击状态栏右下角的"页面视图"按钮),切换到页面视图方式。

2. 单击"插入"选项卡"文本"组中的"文本框"按钮 ,在其下拉菜单中选择"绘制文本框"或者"绘制竖排文本框"选项。

3. 在文档中要插入第一个文本框的位置处单击或拖动鼠标。

4. 重复步骤2和3,在其他要放置文本的位置插入文本框。

5. 选中第一个文本框,方法是:在文本框的边框上移动鼠标指针,直到指针变为四向箭头,然后用鼠标单击边框。

6. 单击"格式"选项卡下"文本"组中的"创建链接"按钮 ,此时鼠标变为直立的罐状指针 。

7. 当将鼠标移动到可以接受链接的文本框上方时,鼠标会变为倾斜的形状 ,在要顺排文字的空白文本框中单击。

8. 若要链接到其他文本框,请单击方才创建的链接所指向的文本框,然后重复第6步和第7步以创建新的链接。

9. 在第一个文本框中输入或粘贴所需的文字。如果该文本框已满,文字将排入已经链接的其他文本框。

提示   如果单击了"创建文本框链接"选项后，不想再链接下一个文本框，请按下Esc键
         取消链接操作。还可以使用圆形、旗帜、流程图形状以及其他的自选图形作为放
         置文字部分的容器。

一、复制或移动链接文本框

可以将文章复制或移动到其他文档中或同一文档的其他位置上，但必须在一篇文章中包含所有链接文本框。

复制或移动链接文本框的操作步骤如下。

1. 切换到页面视图。
2. 选定文字部分中的第一个文本框。
3. 按住 Shift键，选取要复制或移动的其他文本框。
4. 单击"开始"选项卡下的"剪贴板"组中的"复制"按钮🖳或"剪切"按钮✄。
5. 单击要将文本框复制或移动到的位置。
6. 单击"开始"选项卡下的"剪贴板"组中的"粘贴"按钮🗋。

提示   若要从一篇文章中复制或移动一些文字而并不复制文本框，请选定想要复制的文
         字，然后复制或剪切，但不要选中文本框。

二、断开文本框的链接

可断开文字部分内任意两个文本框之间的链接。如果将一个文字部分中的链接断开，就会生成两个文字部分。断开文本框链接的操作步骤如下。

1. 单击"视图"选项卡下的"文档视图"组中的"页面视图"按钮🔲（或直接单击状态栏右下角的"页面视图"按钮🔲），切换到页面视图方式。
2. 选择需要断开链接的文本框。
3. 单击"格式"选项卡下的"文本"组中的"断开链接"按钮🔳。

提示   断开文本框的链接后文字会在位于断点前的最后一个文本框中截止，不再排至下
         一个文本框，所有后续链接文本框将是空的。

8.9.4 插入图文框

图文框是可调整大小并置于页面任意位置的容器。

在放置包含某些内容的文本时，必须使用图文框。这些内容是：注释引用标记、批注标记或特定的域，如用来为法律文档和大纲中的列表和段落进行编号的AUTONUM、AUTONUMLGL、AUTONUMOUT域，以及TC（目录项）、TOC（目录）、RD（参考文档）、XE（索引项）、TA（引文目录项）和TOA（引文目录）域。

默认情况下"插入图文框"命令不出现在功能区，用户可以通过自定义设置将"插入图文框"命令添加到快速访问工具栏中，方法是单击快速访问工具栏右侧的▾按钮，在弹出的下拉菜单中选择"其他命令"选项，打开"Word选项"对话框，在左边列表中选中"快速访问工具栏"。在"从下列位置选择命令"下拉框中选择"所有命令"，然后在列表框中选择"插入图文框"，单击"添加"按钮，最后单击"确定"按钮，关闭"Word选项"对话框即

可，如图8.52所示。这个时候可以发现快速访问工具栏中增加了"设置图文框格式"按钮，
单击此按钮，则可以在文档中插入图文框。

图8.52　"Word选项"对话框

可以很容易地把文本框转换为图文框，操作步骤如下：

1. 创建空白文本框。

2. 右击文本框，在弹出菜单中选择"设置文本框格式"选项。

3. 在弹出的"设置文本框格式"对话框中，切换到"文本框"选项卡，如图8.53所示。

4. 单击对话框右下角的"转换为图文框"按钮。弹出如图8.54所示的提示框，然后单击
"确定"按钮即可。

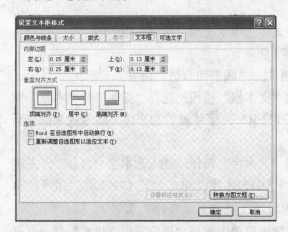

图8.53　"设置文本框格式"对话框

图8.54　文本框转换为图文框提示信息

同文本框一样，用户也可以对图文框进行设置，方法如下：

1. 选中需要设置的图文框。

2. 右击图文框，在弹出菜单中选择"设置图文框格式"命令，弹出如图8.55所示的"图
文框"对话框。

3. 根据需要设置图文框的文字环绕方式、尺寸、水平、垂直距离，也可以根据需要选择或者取消"随文字移动"、"锁定标记"复选框的选择。

单击"删除图文框"按钮即可删除图文框，此时图文框中的内容将移至页面左侧。

提示　如果要同时删除图文框及其内容，可单击图文框的边框以选定图文框，然后按Delete键。

【动手实验】制作如图8.56所示的简历封面。

图8.55　"图文框"对话框

图8.56　简历封面

1. 单击"快速访问工具栏"中的"新建"按钮，打开一个新文档。

2. 单击"插入"选项卡下"插图"组中的"图片"按钮，选择作为封面背景的图片，插入图片，并调整插入图片的大小。

3. 选中图片，单击"图片工具"组下"格式"选项卡上的"排列"组中的"文字环绕"按钮，设置图片的文字环绕方式为"衬于文字下方"。

4. 插入北京航空航天大学校徽以及校名图片，并调整到合适的位置。

5. 单击"插入"选项卡下"文本"组中的"文本框"按钮，选择"绘制竖排文本框"命令，插入两个文本框且都输入"I CAN DO BETTER"，字体设置为宋体，参考效果图进行位置、颜色设置。

6. 单击"插入"选项卡下"文本"组中的"艺术字"按钮，插入艺术字"求职"，并进行相关设置：字体"隶书"，字号"54号"。选中艺术字，单击"艺术字工具"组下"格式"选项卡上的"文字"组中的 "艺术字竖排文字"按钮来竖排艺术字。

7. 插入艺术字"简历"，右击艺术字，在弹出菜单中选择"设置艺术字格式"命令打开"设置艺术字格式"对话框，选中"颜色与线条"选项卡，单击"颜色"栏右侧的 "填充效果"按钮，弹出"填充效果"对话框，选择其中的"渐变"选项卡，如图8.57所示。在"颜色"选项组下，使用"双色"混合并选择相应的颜色，在"底纹样式"选项组下，选择"斜上"单选项。

8. 设置艺术字阴影：选中艺术字，单击"格式"选项卡下的"阴影效果"组中的"阴影样式"按钮□,给艺术字添加阴影,单击"三维效果样式"按钮□,给艺术字添加三维效果,图8.58为设置后的艺术字的效果。

图8.57 "填充效果"对话框   图8.58 设置后的艺术字效果

继续使用艺术字插入姓名、电话、专业等信息。

9. 插入文本框,输入"推荐人:王华东周长军",选中"王华东周长军",然后使用"中文版式"中的"双行合一"功能合为一行,效果如图8.59所示。

推荐人: 王华东周长军

图8.59 双行合一效果

至此,简历封皮制作完成。

第9章 样式和模板

为了帮助用户提高文档的编辑效率，Word 2010还提供了一些高级格式设置功能来优化文档的格式编排工作。其中样式和模板就是最好的时间节省器之一，它们的优点之一是保证所有文档的外观都非常漂亮，而且相关文档的外观都一致；优点之二是它们非常容易掌握。图9.1所示的是一份利用样式和模板设置的普通高等学校学生管理规定，它具有固定的格式。

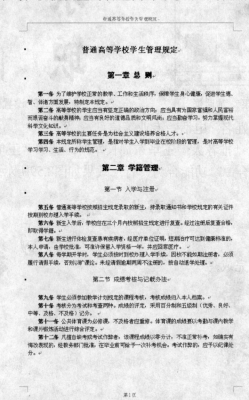

图9.1 普通高等学校学生管理规定

9.1 什么是样式

通常快速设置文字或段落的格式有两种方法，一种是用格式刷，另一种是套用样式，采用套用样式的方法效率更高，修改更方便。样式分为内置样式和自定义样式两种，内置样式是Word 2010本身所提供的样式，自定义样式是用户将其常用的格式定义为的样式。

样式是一套预先设置好的文本格式，文本格式包括字号、字体、缩进等，并且样式都有名字。应用样式时，可以在一段文本中应用，也可以在部分文本中应用，甚至可以在一个简单的任务中应用一组样式，且所有格式都是一次完成的。因此使用样式可以迅速改变文档的外观。

使用样式最大的优点是更改某个样式时，整个文档中所有使用该样式的段落也会随之改变。这样就不用再去搜索整个文档，分别去修改每个段落。

9.1.1 样式类型

用户可以创建或应用下列四种类型的样式：段落样式，字符样式，表格样式，列表样式。

·段落样式：控制段落外观的所有方面，如文本对齐、缩进、行间距、段落上下间距和边框等，也可包括字符样式。

·字符样式：影响段落内选定文字的外观，例如文字的字体、字号、加粗及倾斜格式等。

·表格样式：可为表格的边框、阴影、对齐方式和字体提供一致的外观。

·列表样式：可为列表应用相似的对齐方式、编号或项目符号字符以及字体等。

9.1.2 保存样式信息

当保存文档时，它所使用的样式信息也会随着保存过程被保存起来，下次再打开这个文档时就可以自动应用之前设置的样式。如果想要在其他文档中使用这些样式信息，可以从这个文档中复制样式到另一个文档中，也可以通过创建模板的方式把样式信息保存起来，以便在多个文档中重复使用这个样式。

9.2 应用Word 2010的内置样式

Word 2010的一些模板中定义了一些自带样式可供用户使用，这些自带的样式称为内置样式。可以通过任务窗格、快捷键以及其他一些方式来快速应用内置样式。

9.2.1 用任务窗格应用样式

应用样式最简单的方式就是打开"样式"窗格。单击"开始"选项卡下的"样式"组中的对话框启动器按钮，打开"样式"窗格，选中"显示预览"复选框，就可以看到每种样式的预览，如图9.2所示。"样式"窗格中显示了所有可用的样式列表。

图9.2 "样式"窗格

应用样式的操作步骤如下：

1. 单击"开始"选项卡下的"样式"组中的对话框启动器按钮，打开"样式"窗格。

2. 在文档中选定要更改的字符、段落、列表或表格，它当前的样式将在"样式"任务窗格中处于"选中"状态。

3. 单击"样式"任务窗格中的所需样式即可。

如果在"样式"窗格中没有列出所需样式，请单击该对话框中右下角的"选项"按钮，打开"样式窗格选项"对话框，在"选择要显示的样式"下拉框中选择"所有样式"，如图9.3所示，然后单击"确定"按钮。

9.2.2　用快捷键应用样式

可以为应用的样式添加快捷键，这样选中需要应用样式的段落或文本后，按下快捷键即可。

为样式添加快捷键的步骤如下：

右击"样式"窗格的样式列表中的某个格式，在弹出菜单中选择"修改"选项，弹出如图9.4所示的"修改样式"对话框，单击"格式"下拉按钮，在弹出菜单中选择"快捷键"选项，弹出"自定义键盘"对话框，如图9.5所示，这个时候请按下组合键，按下的组合键会自动显示在"请按新快捷键"输入框内。设置快捷键后，就可以直接利用快捷键来完成对所选内容进行相应的样式修改功能了。

图9.3　"样式窗格选项"对话框

图9.4　"修改样式"对话框

9.2.3　应用样式的其他方法

还可以使用"快速访问工具栏"的"重复 ↻"命令对不同段落应用同一种样式，也可以使用"开始"选项卡下的"剪贴板"组中的"格式刷"按钮 ✦，将一部分文本的样式复制到另一部分上，当然还可以录制宏来完成这些重复劳动。

一、使用"重复"命令

要对一系列段落应用同一种样式，可以使用"重复"命令，其操作步骤如下：

1. 对要格式化的第一个段落或者选中的文字应用此样式。

图9.5　"自定义键盘"对话框

2. 将插入点移动到要格式化的下一个段落或者选中需要格式化的文字。

3. 单击快速访问工具栏 的"重复 ↻"命令即可。

4. 重复步骤2、3，直到所有段落都应用了此样式。

二、使用格式刷

要将样式从一部分文本复制到另一部分上，可以使用"格式刷"，其操作步骤如下：

1. 对要格式化的第一个段落或者选中的文字应用样式。

2. 选中刚才格式化的段落或者文字，然后单击"开始"选项卡下的"剪贴板"组中的"格式刷"按钮，此时鼠标指针变为"I"（如果需要多次使用该种格式，双击格式刷）。

3. 在需要应用该格式的段落或文本中拖动鼠标指针，则这些段落或文本会自动变为指定格式。

4. 按下ESC键或者再次单击"格式刷"按钮，鼠标指针将恢复原来的形状。

9.3 新建样式

内置的样式往往不能满足用户不断变化的需要，Word 2010允许新建样式以帮助用户使用更加个性化的样式，便于更好地对文档进行排版，提高工作效率。

可以直接通过"样式"窗格来新建样式，还可以从已经格式化的文本中"提取"样式。

9.3.1 利用对话框创建样式

在打开的"样式"窗格中，单击左下角的"新建样式"按钮，弹出如图9.6所示的"根据格式设置创建新样式"对话框，其功能简述如下。

· "名称"框：用来输入样式的名称，默认为"样式"加上数字标号。也可以根据需要输入相应的样式名称。要注意区分大小写，名字最长不超过253个字符。

· "样式类型"框：用来指定所创建的样式类型。可以从下拉列表中选择"段落"、"字符"、"链接段落和字符"、"表格"或"列表"项。

· "样式基准"框：如果想基于现有样式建立新样式，可以从下拉列表中选择需要基于的样式，新的样式则可以继承这个样式的所有格式，只需要对不同的部分进行修改即可。应当注意，如果基于的样式被更改了，则新的样式也会自动更改。

· "后续段落样式"框：如果希望使用所创建的段落样式之后的文档能使用现存

图9.6 "根据格式设置创建新样式"对话框

的样式，应从下拉列表中选择一种样式。当输入文本的时候，为下一段设置样式会保证样式使用正确并提高工作效率。

· "格式"栏下的工具：可以使用这些工具调整样式。比如需要改变字体就可以直接选择字体类型以及字号大小，并可以选择加粗 B 和倾斜 I 等项。

· "添加到快速样式列表"：如果想将正在创建的样式添加到样式列表库中，以供以后使用，可以单击该复选框。

· "自动更新"：选择此复选框可以简单地通过更新格式段落，用已有的样式来修改样式。

· "格式"按钮：如果使用复杂的样式，可以单击此按钮，并使用弹出菜单来定义样式。"格式"按钮中有一系列选项：字体、段落、制表位、边框、语言、图文框、编号、快捷键和文字效果等，请参考前面章节的介绍进行设置。

> **提示**　如果要使用已经设置了列表样式、段落样式或字符样式的基础文本创建样式，请选中文本，然后基于选定文本的格式和其他属性新建样式。

9.3.2 利用示例创建样式

可以从示例创建样式，这种方法也比较方便。

1. 对示例段落、文本、表格、列表进行一系列的设置，比如字体、缩进、对齐方式、行间距等。

2. 选中设置的文本、列表或表格。

3. 单击鼠标右键，在弹出的快捷菜单中选择"样式"，弹出相应下拉菜单，如图9.7所示。单击该菜单中的"将所选内容保存为新快速样式"命令，弹出如图9.8所示的"根据格式设置创建新样式"对话框。

4. 在"名称"输入框中输入样式名称，单击"确定"按钮即可。若需要进行修改，则单击"修改"按钮，打开前面图9.6所示的"根据格式设置创建新样式"对话框，对样式进行编辑，最后单击"确定"按钮即可。

更新 正文 以匹配所选内容(P)

将所选内容保存为新快速样式(Q)…

选择格式相似的文本(S)

图9.7 弹出的下拉菜单　　　　　　　图9.8 "根据设式设置创建新样式"对话框

9.4 修改样式

样式在创建以后，往往随着具体情况的改变，可能有些格式已不再满足原来的需求，需要进行一定的修改。样式的修改有两种方法：利用对话框修改样式，利用示例修改样式。

9.4.1 利用对话框修改样式

利用对话框修改样式的操作步骤如下：

1. 单击"开始"选项卡下的"样式"组中右下角的对话框启动器按钮，打开"样式"窗格。

2. 选中需要修改的样式。

3. 单击鼠标右键，在弹出的快捷菜单中单击"修改"命令，打开如图9.9所示的"修改样式"对话框。

4. 在"修改样式"对话框中进行一定的设置。"修改样式"对话框和"根据格式设置创建新样式"对话框基本一样，这里不再介绍。

5. 修改完毕后，单击"确定"按钮。

9.4.2 利用示例修改样式

使用示例来修改样式的方法如下：

1. 单击"开始"选项卡下的"样式"组右下角的对话框启动器按钮，打开"样式"窗格。

2. 选择要修改样式的段落、表格、文本或者列表。

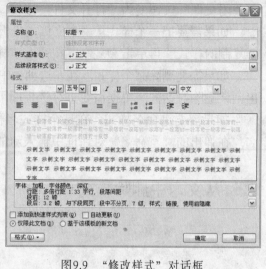

图9.9 "修改样式"对话框

3. 对选中的示例进行修改。

4. 修改完成后，在"样式"窗格中原来的样式名称上右击，在弹出的快捷菜单中选择"更新以匹配选择"命令。

9.4.3 复制、删除及重命名样式

如果需要把一个样式从一个文档或模板中复制到另一个文档或模板中，可以使用"管理器"工具。单击"开始"选项卡下的"样式"组右下角的对话框启动器按钮，打开"样式"窗格。单击"样式"窗格下面的"管理样式"按钮，打开"管理样式"对话框，如图9.10所示。单击对话框左下角的"导入/导出"按钮，打开"管理器"对话框，选择"样式"选项卡。如图9.11所示。

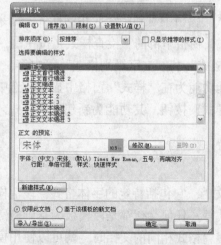

图9.10 "管理样式"对话框

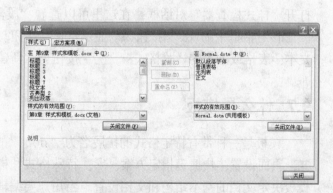

图9.11 "管理器"对话框"样式"选项卡

此时"管理器"对话框的两边分别列出了两个不同文件的样式，左边显示正在编辑的文档的模板和样式，右边显示"在Normal.dotm中"的模板和样式。可以在"样式的有效范围"中选择相应的模板和文档。使用"关闭文件"按钮，可以关闭当前选择的文档，关闭以后，

"关闭文件"按钮变为"打开文件"按钮，这时可以选则相应的文档或模板。

如果需要把一个样式从一个文档或模板复制到另一个文档或模板，在左边列表中单击需要复制的样式，再单击"复制"按钮，该样式会自动出现在右边的样式列表中。

如果需要删除某个样式，在左边列表中选择需要删除的样式，单击"删除"按钮，会弹出确认删除对话框，根据需要进行选择即可，但是内置样式不能删除。

如果需要重命名样式，在这个样式名称上右击，然后在弹出菜单中单击"重命名"命名，在弹出的"重命名"对话框中输入新的名称。同样，内置样式不能重命名。

9.5　从文本中删除样式

图9.12　"样式检查器"对话框

如果希望删除在某个段落上应用的某个样式，可以使用以下方法。

1. 选择该段落。

2. 单击"开始"选项卡下的"样式"组右下角的对话框启动器按钮，打开"样式"窗格。

3. 在"样式"窗格中选择"全部清除"命令。

也可以单击"样式"窗格下面的"检查样式"按钮，打开"样式检查器"对话框，如图9.12所示，单击"全部清除"按钮。

9.6　确定已应用的样式

在段落中单击或者选中一部分文字，可以在"样式"窗格中看到已经应用的样式。如果需要进一步确定所选文字的样式信息，可以单击"样式"窗格下部的"检查样式"按钮，打开"样式检查器"对话框。在这里可以查看"段落格式"和"文字级别格式"等内容。

该对话框中的""按钮为"显示格式"按钮，其功能为在"样式"窗格中显示所选中文本、表格或列表的样式格式。""按钮为"新建样式"按钮，其功能为新建一个样式。

9.7　什么是模板

模板是一种带有特定格式的扩展名为".dotx"的文档，它包括特定的字体格式、段落样式、页面设置、快捷键指定方案、宏、特殊格式和样式等。任何文档都是以模板为基础的。模板决定文档的基本结构和文档设置。当用户要编辑多篇格式相同的文档时，就可以使用模版来统一文档的风格，从而提高工作效率。

模板分为公用模板和文档模板两类。公用模板包括Normal模板，所含设置适用于所有文档。文档模板所含设置仅适用于以该模板为基础的文档。

一、公用模板

处理文档时，通常只能使用保存在文档附加模板或Normal模板中的设置。要使用保存在其他模板中的设置，应将其他模板作为公用模板加载。加载模板后，运行Word 2010时都可以使用保存在该模板中的内容。

加载项和加载的模板在Word 2010关闭时自动卸载。如果要在每次启动Word 2010时加载项或模板，请将加载项或模板复制到"Microsoft Office Startup"文件夹中。

二、文档模板

保存在"Templates"文件夹中的模板文件会出现在"模板"对话框的"常用"选项卡中。如果要在"模板"对话框中为模板创建自定义的选项卡，请在"Templates"文件夹中创建新的子文件夹，然后将模板保存在该子文件夹中。这个子文件夹的名字将出现在新的选项卡上。

保存模板时，Word 2010会切换到"用户模板"位置上。单击"文件"选项卡，在打开的文件管理中心中单击右下角的"选项"命令，打开"Word选项"对话框，在"命令"窗格的左边列表中单击"高级"命令，在"命令"窗格的右边找到"常规"组，单击下方的"文件位置"按钮，会打开"文件位置"对话框，默认位置为"Templates"文件夹及其子文件夹。如果将模板保存在其他位置，该模板将不出现在"模板"对话框中。

9.8 新建和修改模板

在文档处理的过程中，当需要经常用到同样的文档结构和文档设置时，就可以根据这些设置创建一个新的模板。创建新模板有以下三种方法。

9.8.1 根据现有文档创建模板

当用户需要用到的文档设置包含在现有文档中时，就可以以该文档为基础来创建一个新模版，其操作步骤如下：

1. 单击"文件"选项卡，在打开的文件管理中心中单击"打开"命令，打开需要建立新模板的文档。

2. 单击"文件"选项卡，在打开的文件管理中心中选中"另存为"，单击命令窗格右侧的"模板"命令，打开"另存为"对话框，如图9.13所示。

图9.13 "另存为"对话框

3. 在"保存位置"框中，选择"受信任模板"，在保存类型中选择"Word模板"。

4. 在"文件名"框中，输入新模板的名称，然后单击"保存"按钮。此时该文档就被保存为一个模版文件，此后对其进行任何修改将不影响原文档。

此时已经成功地创建了一个新模版，以后就可以方便地进行调用了。

9.8.2 从原有模板创建新模板

可以以已有的模版为基础创建一个新的模板，其操作步骤如下：

1. 单击"文件"选项卡，在打开的文件管理中心中单击"新建"命令，打开"新建"任务窗口，如图9.14所示。

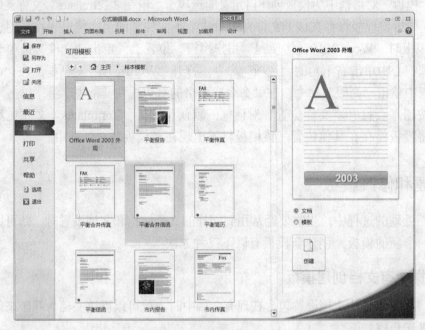

图9.14 "新建文档"任务窗口

2. 在"新建"任务窗口中单击"样本模板"项。

3. 在"新建"任务窗口中的"样本模板"中，选择与要创建的新模板相似的模板。单击选中的模板，在"新建"任务窗口的右侧将显示被选中模板的样式。

4. 选择"新建"任务窗口中的"模板"选项，然后单击"创建"按钮。

5. 此时进入到模板的编辑状态，用户可以在模板中添加所需的文本和图形，更改页边距设置、页面大小和方向、样式及其他格式等，并可以删除任何不需要的内容。

6. 修改完毕后，单击"快速访问工具栏"中的"保存"按钮，打开"另存为"对话框。

7. 在"文件名"框中，输入新模板的名称，然后单击"保存"按钮。此时该文档就被保存为一个模版文件。

8. 单击标题栏右上角的"关闭"按钮。

此时已经成功地创建了一个新模版，以后就可以方便地进行调用了。

9.8.3 创建一个自定义的新模板

Word 2010允许用户创建自定义的新模板，其操作步骤如下：

1.单击"文件"选项卡，在打开的文件管理中心中单击"新建"命令，弹出"新建"任务窗口。

2.在"新建"任务窗口中的"可用模板"下，单击"我的模板"命令，弹出"新建"对话框。

3.在"新建"对话框中的"个人模板"组中，单击"空白文档"项，选中"新建"区中的"模板"选项，然后单击"确定"按钮，如图9.15所示。

图9.15 "新建"对话框

4.此时进入到模板的编辑状态，用户可以在模板中添加所需的文本和图形，更改页边距设置、页面大小和方向、样式及其他格式等，并可以删除任何不需要的内容。

5.修改完毕后，单击"快速访问工具栏"中的"保存"按钮 ，打开"另存为"对话框。

6.在"文件名"框中，输入新模板的名称，然后单击"保存"按钮。此时该文档就被保存为一个模版文件。

7.单击标题栏右上角的"关闭"按钮 。

此时已经成功地创建了一个新模版，以后就可以方便地进行调用了。

9.8.4 修改模板

如果修改模板，则会影响根据该模板创建的新文档；更改模板后，并不影响基于此模板创建的旧文档内容。

注意，模板正在使用时，不能保存对它的修改，如果选择一个模板创建了当前文档，就不能用相同的名字把文档保存为模板，必须新起一个名字。

提示 只有在选中"自动更新文档样式"复选框的情况下，打开已有文档时，才更新修改过的样式。

9.9 选用模板

用户可以通过已有的模板方便快捷地创建文档。

9.9.1 新建带模板的新文档

用户可使用Word 2010提供的模板创建新的文档，操作步骤如下：

1. 单击"文件"命令，在打开的命令窗格中单击"新建"命令，打开"新建"对话框。

2. 在"样本模板"中选择要创建文档的模板。

3. 选中"新建"区中的"文档"选项，然后单击"创建"按钮即可。

9.9.2 为现有文档选用模板

可以为已经创建好的文档选用模板，操作步骤如下：

1. 打开需要应用模板的文档。

2. 单击"文件"选项卡，在打开的文件管理中心中单击右下角的"选项"命令，打开"Word选项"对话框。

3. 单击"加载项"命令，显示如图9.16所示的"Word选项"对话框。单击窗体右侧下方的"管理"下拉按钮，在弹出的下拉菜单中选择"Word加载项"，单击"转到"按钮，打开"模板和加载项"对话框，如图9.17所示。

4. 单击"选用"按钮，可以弹出"选用模板"对话框，找到希望使用的模板后，打开即可。新的模板名字会显示在输入框中。如果需要在每次打开文档的时候自动更新所保存模板的文档样式或者模板正在建立过程中，但需要看到此时文档应用最新模板的效果，可以选中"自动更新文档样式"复选框。

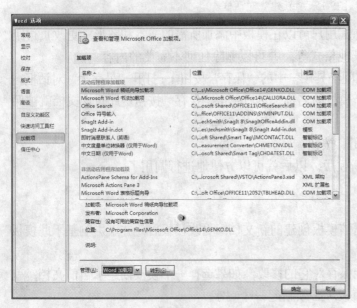

图9.16   "Word选项"对话框

图9.17   "模板和加载项"对话框

【动手实验】制作高等学校学生管理规定的样式模板。

主要操作步骤如下。

1. 单击"文件"选项卡，在打开的文件管理中心中单击"新建"命令，在弹出的"新建"任务窗格中的"可用模板"下，单击"我的模板"菜单命令，弹出"新建"对话框。

2. 在"新建"对话框中的"个人模板"中，单击"空白文档"项，单击"新建"区中的"模板"选项，然后单击"确定"按钮。

3. 此时进入到新模板的编辑状态，进行模板样式的设置。

4. 设置页眉页脚。

1）单击"插入"选项卡下的"页眉和页脚"组中的"页眉"按钮，在弹出的下拉菜单中单击"编辑页眉"命令，切换成页眉编辑模式。

2）在页眉处输入"普通高等学校学生管理规定"，字体设置为"宋体"、"小五"。

3）单击"页眉和页脚工具"下"设计"选项卡上的"导航"组中的"转至页脚"按钮，进入页脚编辑区。

4）在页脚处插入页码。

单击"页眉和页脚工具"下"设计"选项卡上的"页眉和页脚"组中的"页码"按钮，在弹出的下拉菜单中选择"页面底端"即可。

编辑完页眉页脚后，将鼠标移到文档空白处，双击左键，返回到文档编辑区。

5. 设置模板样式。

1）单击"开始"选项卡下的"样式"组的"样式"对话框启动按钮，打开"样式"窗格。

2）单击"样式"窗格左下角的"新建样式"按钮，打开"根据格式设置创建新样式"对话框。

3）在"名称"编辑框内输入"校规标题1"，样式基准为"标题1"，字体格式设置为"宋体"、"二号"，对齐方式选择居中对齐，并选择"添加到快速样式列表"、"自动更新"、"基于该模版的新文档"选项。

4）重复使用步骤2和3对"校规标题2"和"校规正文"进行设置。

6. 保存设置好的模板样式。

1）单击"快速访问工具栏"中的"保存"按钮，打开"另存为"对话框。

2）在"文件名"框中，输入新模板的名称"校规模板"，然后单击"保存"按钮。

3）单击标题栏右上角的"关闭"按钮。

至此高校校规的模板创建完成。

7. 用模板创建某高校的校规。

1）单击"文件"选项卡，在打开的文件管理中心中单击"新建"命令，在弹出的"新建"任务窗格中"可用模板"下选择"我的模板"，打开"新建"对话框，选择"校规模板"，单击"新建"区中的"文档"选项，然后单击"确定"按钮，关闭对话框。

2）在新建的文档中输入文字内容。

3）单击"开始"选项卡下的"样式"组的"样式"对话框启动按钮，打开"样式"窗格，如图9.18所示。

4）对输入的内容套用模板样式。例如，选中"入学与注册"行，单击"样式"窗格中的"校规标题2"。

图9.18 创建后的模板文档

至此，一个某高校的学生管理规定文档制作完成，最终效果如本章图9.1所示。

第10章 大纲、目录和索引

在编辑一个包含多个章节的长文档时，很好地组织和维护长文档就成了一个重要的问题。对于一个上万字的文档，如果用普通的编辑方法，在其中查看特定的内容或对某一部分内容做修改都将是非常费劲的。因此有一个良好的文档组织结构对于文档的成功是必不可少的。

Word 2010提供了一系列编辑长文档的有用功能，正确地使用这些功能，组织和维护长文档就会变得十分简便，长文档看起来也更加有条理。

本章将讲述如何设置长文档的各种功能，如大纲显示模式、目录、索引等。利用这些功能，用户可以方便、迅速地在大纲视图下起草长文档的大纲，并加以编辑和修改，在完成大纲编辑之后，自动生成文档目录和索引，以方便读者从文档中找到自己所需的内容。图10.1所示是从一篇文章中抽取的目录和建立的索引。

目录

第一章 电子商务概论 1
1.1 电子商务的基本概念 1
1.1.1 电子商务的含义 2
1.1.2 电子商务的交易模式- 4
1.1.3 电子商务的交易过程 5
1.1.4 电子商务的交易内容 7
1.1.5 电子商务的网络支撑平台 11
1.1.6 电子商务的系统特性 11
1.2 电子商务的发展及展望 13
1.2.1 电子商务的发展历史 13
1.2.2 全球电子商务的现状 14
1.2.3 电子商务展望 15
1.2.4 中国电子商务的发展与应用情况 16
1.2.5 中国电子商务的标准化建设 17
1.3 开展商务活动的电子化意义 19
1.3.1 改变人们生活、学习与工作方式 20
1.3.2 提高人们的生活质量 21
1.3.3 增加新的就业机会 22
1.4 电子商务与社会经济活动 23
1.4.1 资金流、物流和信息流的相互关系 24
1.4.2 商务活动电子化的经济意义 26
1.4.3 商务活动电子化的社会意义 27

C H

产生消除 7

D

定义 1 9
定义 2 10
定义 3 10

F

分解输入 8
分解输入/输出方法 10
分析瓶颈 9

图10.1 根据文章建立的目录和索引

10.1 什么是大纲

大纲就是文档中标题的分层结构，它显示标题并可以调整标题，以使其适应更深层次的标题分组。大纲在书籍中，特别是电子书籍中经常出现，在网络论坛的页面上更是经常可以看到。有了大纲，用户可以方便快捷地浏览整个文档框架，快速找到自己感兴趣的内容。

Word 2010中提供了“大纲视图”，用户可方便地在“大纲视图”下浏览文档的大纲。用户可以单击“视图”选项卡下的“文档视图”组中的“大纲视图”按钮，或者单击文档窗口中状态栏右下角的“大纲视图”图标，同时也可以使用“Ctrl+Alt+O”快捷键进入大纲视图。在大纲视图下，用户可以编辑、查看、修改文档的大纲。读者在查看一篇长文档时，常希望先看到文档的大纲，从大纲中找出自己感兴趣的部分以便仔细阅读。完成此任务最直接的做法是使用“文档结构图”。通过“文档结构图”，文档的大纲可以直接在视图中展示出来。在“视图”选项卡下的“显示”组中，选中“导航窗格”复选框，之后将根据文档的标题在文档的左侧生成文档的大纲组织图，如图10.2所示。单击大纲上自己感兴趣的标题即可浏览标题下的内容。

图10.2 大纲组织图

提示 "视图"选项卡下"文档视图"组中的五种视图选项之下都提供了查看文档的结构性视图的功能。除了阅读版式视图外，在其他四种视图的状态下查看文档结构图的方法大致相同：选中"视图"选项卡下的"显示"组的"导航窗格"复选框即可。在阅读版式视图中，单击工具栏中的"跳转至文档中的页或节"按钮，在打开的下拉菜单中选择"导航窗格"选项即可。

10.2 使用大纲视图

对于一篇比较长的文档，详细地阅读它并及时掌握它的结构内容是一件比较困难的事。用户使用大纲视图可以迅速了解文档的结构和内容梗概，可以清晰地获知文档的结构，并且文档标题和正文文字也会被分级显示出来。单击"视图"选项卡下的"文档视图"组中的"大纲视图"按钮，进入大纲视图状态，此时选项卡区显示"大纲"选项卡。

在"大纲"选项卡下的"大纲工具"组中"显示级别"下拉框中可选择需要查看的标题级别，此下拉框中提供了"级别1"至"级别9"之间的所有级别选项。根据所选选项，可使一部分标题和正文被暂时隐藏起来，以突出文档的总体结构。可以先通过文档的大纲视图来浏览整个文档以便把握文档的总体结构，然后再详细了解文档的各个部分。同时在大纲视图下，用户也可以方便地起草和组织文档。例如，在起草文档时可以通过只显示标题来压缩文档，并利用视图工具栏上的按钮对标题的级别加以升级或降级处理等。

对于首次使用大纲视图的用户，在大纲视图中操作可能会感觉很不方便。这是因为大纲视图中的操作与页面视图中的操作有许多不同之处，主要体现在文本的选择及文档内容的显示两个方面。

大纲视图中只显示文字及表格，图表及图片只能在大纲视图中看到它们所在的位置，看不到它们的具体形状。在"大纲"选项卡下的"大纲工具"组中选中"显示文本格式"复选框 ☑ 显示文本格式，可以看到文本的具体格式。如果选中"仅显示首行"复选框 ▢ 仅显示首行，则每一段只显示本段的首行文字。

在大纲视图下选择文本与在页面视图中也有很大区别。

· 选择某一标题：鼠标置于标题左侧，当指针变为"⇗"形状后单击，选中此标题。

· 选择某一标题、它的下级标题以及正文文本：鼠标置于标题左侧，当指针变为"⇗"形状后双击，选中此标题及它的下级标题和正文文本。

· 选择一段正文文本：鼠标置于正文文本左侧，当指针变为"⇗"形状后单击，选择所需文本。

· 选择多个标题或多段正文文本：鼠标置于文本的左侧，当指针变为"⇗"形状后向上或向下拖动以选择文本。

在大纲视图中对文本的其他操作与在页面视图中的基本相同，具体可参考前面章节介绍的相关内容。

> **提示**　在"大纲"视图中，在段落左侧单击一次会选择整个段落，而不是单行。如果选择包括折叠附属文本的标题，则同时会选择折叠文本（即使它不可见）。对标题所做的任何更改（如移动、复制或删除标题）也会影响折叠文本。

10.3　创建和修改大纲

对于大纲的创建与修改，在Word 2010中提供了多种方法，最直接的方法就是在大纲视图下进行修改。

大纲可以在文档编写之前创建，也可以在文档完成之后进行，具体的操作步骤如下。

一、编写文档之前创建大纲

1. 单击快速访问工具栏中的"新建"按钮 ▢（或单击"文件"选项卡，在弹出的文件管理中心中单击"新建"按钮），打开一个新文档。

2. 单击"视图"选项卡下的"文档视图"组中的"大纲视图"按钮 ▢（或直接单击状态栏右下角的"大纲视图"按钮 ▤），切换到大纲视图中，如图10.3所示。

"大纲"选项卡下的"大纲工具"组中的各个项目的功能介绍如下。

· "提升至'标题1'"按钮 ▤：将选定段落直接提升到最高级，即标题1。

· "升级"按钮 ▤：将选定段落提升到较原级别高一级的标题（视图中显示为向左侧升1级）。如果标题已经是1级，则无法提升。

· "大纲级别"下拉框 2级 ▾：显示选定段落的级别（不选定段落，光标置于段落中也可以显示当前段落级别）。

· "降低"按钮 ▤：将选定段落降低到较原级别低一级的标题（视图中显示为向右侧降1级）。

· "降级为'正文'"按钮 ▤：将选定段落直接降低为正文文本，即成为前一标题的正文文本。

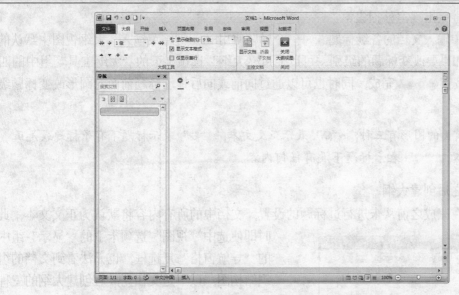

图10.3 编写文档前使用大纲视图创建大纲

· "上移"按钮▲：将选定段落和其折叠的附加文本（隐藏的标题或文本）向上移到前面正在显示的段落之上。

· "下移"按钮▼：将选定段落和其折叠的附加文本（隐藏的标题或文本）向下移到后面正在显示的段落之下。

· "展开"按钮╋：显示选定标题的折叠子标题和正文文本，一次展开一级。

· "折叠"按钮━：隐藏选定标题的正文文本和子标题，一次隐藏一级。

· "显示级别"下拉框 显示级别(S): 3 级 ▼：根据选定的级别显示文档中相应的级别标题和正文文本。

· "显示文本格式"复选框 显示文本格式：选中或是不选中此复选框，在大纲视图中对应为显示或隐藏字符格式（例如字体、大小、加粗和倾斜）。

· "仅显示首行"复选框 仅显示首行：在大纲视图中，选择该项，只显示正文各段落的首行，隐藏其他行，首行后面的省略号表明隐藏了其他行。

"大纲"选项卡下的"主控文档"组中的各选项功能介绍如下。

· "显示文档"按钮：单击此按钮，主控文档会与子文档在同一页显示，否则在主控文档与子文档之间插入分节符。

· "展开子文档"按钮：在打开主控文档时，单击此按钮将展开所有子文档，否则每个子文档都将以超级链接方式出现。单击链接点，就可以单独打开该子文档。

· "创建子文档"按钮：在所选定的标题下创建子文档，子文档必须嵌入在标题之后。

· "插入"按钮：在主控文档中，可以插入一个已有文档作为主控文档的子文档，这样就可以随时创建新的子文档，或将已存在的文档当做子文档添加进来。

· "取消链接"按钮：删除子文档的链接，并将子文档的内容复制到主文档中。

· "合并子文档"按钮：合并子文档就是将几个子文档合并为一个子文档。

· "拆分子文档"按钮：把一个子文档拆分为两个子文档。

· "锁定文档"按钮：在多用户协调工作时，对其他用户锁定文档，可以防止引起管理上的混乱，避免出现意外损失。

3. 在视图中输入文档的各级标题，每一个标题使用Enter键结束输入。大纲视图中默认的是一级标题。如果要改变标题的级别，可以通过"大纲"选项卡下的"大纲工具"组中的四个升级和降级按钮 完成，同时也可以通过向前或向后拖动标题前面的圆形改变标题级别。

> **提示**　标题前面的圆形有三种："●"表示正文文本，"⊕"表示标题下有子标题或是正文文本。"⊖"表示标题下没有任何内容。

二、文档完成之后创建大纲

如果文档在完成之前从未进行过标题的设置，文档中的所有内容将默认为正文文本，此时即使选中"视图"选项卡下的"显示"组中的"导航窗格"复选框，也无法看到文档的组织结构图。以下是文档完成后创建大纲的三种方法。

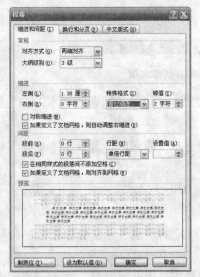

图10.4　在"段落"对话框中设置大纲级别

1. 使用"段落"对话框设置标题级别

（1）选中要用做标题的文字，或是将鼠标置于文字之中。单击"开始"选项卡下的"段落"组的对话框启动器 ，打开"段落"对话框。在对话框上的"缩进和间距"选项卡下的"常规"组下的"大纲级别"下拉框中，选择所需要的级别。如图10.4所示，这里选择了3级标题级别。

（2）按照第1步的方法，依次设置每一个标题。设置完成后，在功能区的"视图"选项卡下的"显示"组中选中"导航窗格"复选框查看文档的结构。

2. 使用"样式"对话框设置标题级别

（1）打开"开始"选项卡下"样式"组的对话框启动器 ，在对弹出的如图10.5所示的窗口中选择需要的样式。如果窗口中没有需要的样式，单击窗口中的"新建样式"按钮 ，在弹出的"根据格式设置创建新样式"对话框中"样式基准"下拉框中选择需要的样式，在"格式"组中设置格式后，单击"确定"按钮，新建的样式就会应用于标题之中，如图10.6所示。

（2）按照第1步的方法，依次设置每一个标题，设置完成后，在"视图"选项卡中选中"文档结构图"复选框，查看文档的大纲。

3. 在大纲视图中设置标题级别

（1）选中所要用做标题的文字，或是将鼠标置于文字之中，使用四个提升和降级按钮 完成级别的设置。

（2）依次设置每一个标题，设置完成后，选中"导航窗格"复选框，查看文档的大纲。

> **提示**　推荐使用的创建大纲的方法是先输入文档的各级标题，在建立合适的文档组织结构后，再添加详细的正文完成文档的编辑。

图10.5　"样式"下拉窗口　　　　　　图10.6　"根据格式设置创建新样式"对话框

　　文档的每个标题代表是一个段落，所以在设置标题级别时，要把标题放在单独的段落中。

　　创建完所需大纲后，可根据需要进行大纲的修改。大纲的修改包括大纲各标题的字体、样式及级别等的修改，样式的设置可参见第9章的相关内容。

10.3.1　重排大纲

　　利用"视图"选项卡下的"大纲工具"组中的各个功能按钮及下拉框可实现对大纲的快速、简便的重排操作。选中大纲中的标题或将鼠标指针放在标题的文字之中，然后按相应的按钮或下拉列表的选项即可实现标题的重排操作。

一、重排大纲架构

　　1. 单击"视图"选项卡下的"文档视图"组中的"大纲视图"按钮（或直接单击状态栏右下角的"大纲视图"按钮），切换到大纲视图中。

　　2. 如果要改变标题级别并设置标题样式，可以利用大纲工具栏中的升降级按钮，也可以利用拖动标题前面的●、○或符号的方法来实现：如果想将标题级别降至较低级别，向右拖动符号；如果想将标题升至较高级别，请向左拖动符号。同时也可以利用"开始"选项卡下的"段落"组中的"增加缩进量"按钮或按Tab键将选定标题降至较低级别，利用"减少缩进量"按钮或按Shift+Tab组合键将选定标题升至较高级别。标题样式可通过"修改样式"对话框来设置，具体操作方法可参见第9章中的相关内容。

　　3. 向上或向下拖动●、○或符号，可以实现标题的移动，且该标题的从属标题和文字将也随之移动。也可以单击工具栏中的"上移"或"下移"按钮，把光标所在的段落标题上移或下移一个位置。

二、对文档中的标题进行编号

　　1. 选定要编号的标题，如果一个标题被选定，那么这个标题的所属标题和文字也会同时被选定。

　　2. 单击"开始"选项卡下的"段落"组中的"多级列表"按钮，在"列表库"中选择含有"标题1"、"标题2"等字样的编号格式，Word 2010就会按照选定的编号格式为标题自动编号，如图10.7所示（图中编号为自定义格式之后的编号）。如果自动编号格式不符合用户的要求，可以单击"多级列表"下拉菜单中的"定义新的多级列表"选项，在弹出的"定义新多级列表"对话框中，对编号的格式进行修改。

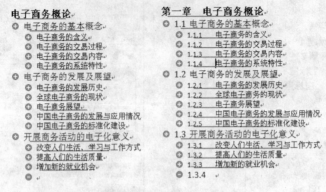

图10.7 编号前后的文档结构效果图

10.3.2 使用大纲段落级别

Word 2010中提供了9个大纲级别。为段落指定大纲级别不会改变文字的显示方式，为不同的段落指定大纲级别只能在"普通视图"或"页面视图"状态下进行，在"大纲视图"状态下无法指定。

为段落指定大纲级别的操作步骤如下。

1. 在普通视图中或页面视图中，选中想要设置大纲级别的段落。

2. 单击"开始"选项卡下的"段落"组中的对话框启动器，在弹出的"段落"对话框中选择"缩进和间距"选项卡。

3. 在"大纲级别"下拉列表框中，选择所需的级别。

4. 单击"确定"按钮即可。

> **提示** 为段落指定大纲级别后，在"普通视图"或"页面视图"中看不到任何效果。但是如果在"大纲视图"中为标题设定级别后，在"普通视图"或"页面视图"中可看到标题前显示的"■"符号。

在为各个段落设置好大纲级别后，切换到大纲视图中，即可看到各段按大纲级别的不同分为不同的层次，如图10.8所示。

> **提示** 级别1段落与左页边距齐平，其他级别段落依次缩进。正文文本段落总是比所在标题级别更缩进一级。值得注意的是，段落大纲级别与标题级别是分别独立的。

10.3.3 打印大纲

在建立文档的大纲后，还可以将文档的大纲打印出来。如果在大纲视图中只显示文档的层次结构，那么打印出来的将是显示出来的文档的层次结构。

要打印大纲，首先应在大纲视图中显示需要打印的标题和正文，然后单击"文件"选项卡，在打开的文件管理中心中单击"打印"命令。也可直接单击快速访问工具栏上的"快速打印"按钮或是使用快捷键"Ctrl+P"完成此命令。

提示　如果在大纲视图中显示了正文，即使只显示了首行，也将打印出全部的正文。另外，在大纲视图中显示的分页符，也将反映在打印结构中。如果不想打印分页符，可以暂时删除分页符后再打印。

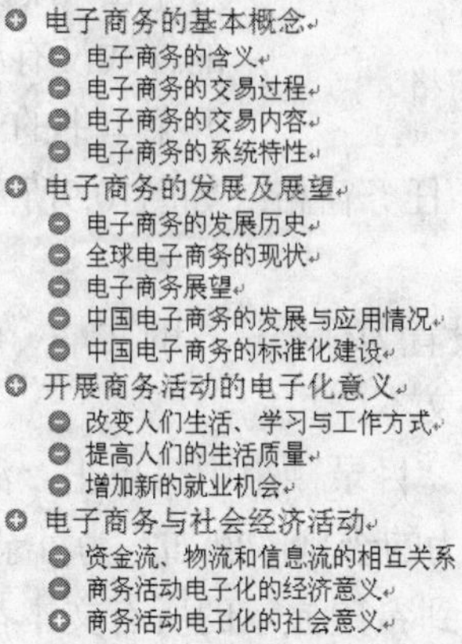

○ 电子商务的基本概念
　　◎ 电子商务的含义
　　◎ 电子商务的交易过程
　　◎ 电子商务的交易内容
　　◎ 电子商务的系统特性
○ 电子商务的发展及展望
　　◎ 电子商务的发展历史
　　◎ 全球电子商务的现状
　　◎ 电子商务展望
　　◎ 中国电子商务的发展与应用情况
　　◎ 中国电子商务的标准化建设
○ 开展商务活动的电子化意义
　　◎ 改变人们生活、学习与工作方式
　　◎ 提高人们的生活质量
　　◎ 增加新的就业机会
○ 电子商务与社会经济活动
　　◎ 资金流、物流和信息流的相互关系
　　◎ 商务活动电子化的经济意义
　　◎ 商务活动电子化的社会意义

图10.8　指定段落级别后的大纲视图

10.4　建立目录

目录通常是长文档不可缺少的部分，一般在长文档的开始部分都要列出文档的目录。目录展示了文档内的信息，有了目录，读者就能很容易地知道文档中有什么内容，快捷查找内容。用户可通过选择要包括在目录中的标题样式（如标题1、标题2和标题3）来创建目录。Word 2010会搜索与所选标题样式匹配的标题，根据标题样式设置目录项文本的格式和缩进，然后将目录插入文档中。

Word 2010提供了手动及自动两种生成目录的方式，同时还提供了一个样式库，其中有多种目录样式可供选择。标记目录项，然后从样式库中选择需要的目录样式，则Word会自动根据所标记的标题创建目录，使目录的制作变得非常简便，而且在文档发生了改变以后，还可以利用更新目录的功能来适应文档的变化。另外，用户还可以方便地生成图表目录。

提示　长文档目录生成的前提条件必须是对文档中的标题应用标准的标题样式或是指定了不同的大纲级别，否则就不能创建正确的目录。

10.4.1　创建和格式化目录

因为要利用文档的标题或者大纲级别来创建目录，所以在创建目录之前，应保证出现在目录中的标题应用了内置的标题样式或者应用了包含大纲级别的样式及自定义的样式。如果文档的结构性能比较好，就可以快速简便地创建出合格的目录。

一、使用标题样式创建目录

标题样式就是应用于标题的格式设置。创建目录最简单的方法是使用内置的标题样式。用户还可以创建基于已应用的自定义样式的目录。

使用标题样式创建目录的操作步骤如下。

1. 选择要应用标题样式的标题。

2. 在"开始"选项卡下的"样式"组中，选择所需的样式。例如，如果选择了要设置为

图10.9　"应用样式"任务窗格

主标题的标题，单击"快速样式"库中名为"标题1"的样式。

值得注意的是，如果没看到所需的样式，可单击▼按钮展开"快速样式"库。如果所需的样式没有出现在"快速样式"库中，单击展开菜单中的"应用样式"选项，或使用快捷键

"Ctrl+Shift+S"打开"应用样式"任务窗格，如图10.9所示。在"样式名"下拉列表框中选择所需的样式即可。

3. 如果希望目录中包括没有设置为标题格式的文本，可以使用以下步骤标记出文本项。

（1）选择要在目录中包括的文本。

（2）在"引用"选项卡下的"目录"组中，单击"添加文字"按钮📑。

（3）选择要将所选内容标记为的级别，例如，为目录中显示的主级别选择"级别1"。

（4）重复步骤1到步骤3，直到希望显示的所有文本都出现在目录中。

4. 把光标移到要插入目录的位置，通常是在文档的开始处。

5. 单击"引用"选项卡下的"目录"组中的"目录"按钮📄，打开"目录"下拉菜单然后选择所需的目录样式。

6. 如果在"目录"下拉菜单中没有所需的目录样式，单击"目录"下拉菜单中的"插入目录"菜单项，并在弹出的"目录"对话框中选择"目录"选项卡，如图10.10所示。

7. 在"格式"列表框中选择目录的风格，选择的结果可以通过"打印预览"框来查看，对话框的左边窗口展示了目录在打印文档中的外观，右边窗口展示了目录在Web文档中的外观。如果在"格式"列表框中选择"来自模板"项，则使用内置的目录样式（目录1到目录9）来格式化目录。如果要改变目录的样式，可以单击"修改"按钮，按更改样式的方法修改相应的目录样式。

8. 单击"选项"按钮，打开"目录选项"对话框，如图10.11所示。在该对话框中选中"样式"和"大纲级别"复选框，表示目录来自"样式"及"大纲级别"两个部分。

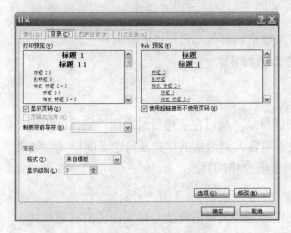

图10.10　"目录"对话框中"目录"选项卡

图10.11　"目录选项"对话框

9. 返回"目录"对话框，在"打印预览"窗口下，如果选中"显示页码"复选框，将在标题后显示页码，如果选中"页码右对齐"复选框，页码将靠右边排列，而不是紧跟在标题

项的后面。在Web版面中，目录的条目默认直接与网页进行了链接，取消选中“使用超链接而不使用页码”复选框则取消超级链接且使用页码。

提示 如果正在创建将在打印机上阅读的文档，那么在创建目录时，应使每个目录项列出标题和标题所在页面的页码，这样的话读者可以找到需要的页。对于读者要在Word中联机阅读的文档，可以将目录中各项的格式设置为超链接，以便读者可以通过单击目录中的某项转到对应的标题。

10. 选择合适的选项后单击“确定”按钮，建立的目录如图10.12所示。

第一章 电子商务概论 1
1.1 电子商务的基本概念 1
1.1.1 电子商务的含义 2
1.1.2 电子商务的交易模式- 4
1.1.3 电子商务的交易过程 5
1.1.4 电子商务的交易内容 7
1.1.5 电子商务的网络支撑平台 11
1.1.6 电子商务的系统特性 11
1.2 电子商务的发展及展望 13
1.2.1 电子商务的发展历史 13
1.2.2 全球电子商务的现状 14
1.2.3 电子商务展望 15
1.2.4 中国电子商务的发展与应用情况 16
1.2.5 中国电子商务的标准化建设 17
1.3 开展商务活动的电子化意义 19
1.3.1 改变人们生活、学习与工作方式 20
1.3.2 提高人们的生活质量 21
1.3.3 增加新的就业机会 22
1.4 电子商务与社会经济活动 23
1.4.1 资金流、物流和信息流的相互关系 24
1.4.2 商务活动电子化的经济意义 26
1.4.3 商务活动电子化的社会意义 27

图10.12 建立的目录

二、从其他样式创建目录

如果要从文档的不同样式中创建目录，例如，不需要根据“标题1”到“标题9”的样式来创建目录，而是根据自定义的“样式1”到“样式3”的样式来创建目录，操作步骤如下。

1. 将光标移到要插入目录的位置，通常是文档的开始处。

2. 打开“目录”对话框，然后单击“选项”按钮，弹出“目录选项”对话框，如图10.11所示。

3. 在“有效样式”列表框中，查找应用于文档中的标题的样式。

4. 在“目录级别”框中，输入1～9中的一个数字，指示希望标题样式代表的级别。

提示 如果希望仅使用自定义样式，则请删除内置样式的目录级别数字，如用户可以删除标题1、标题2和标题3后面的“目录级别”中的数字。

5. 对每个要包括在目录中的标题样式重复使用步骤3和步骤4进行设置。

6. 单击“确定”按钮，返回到“目录”对话框。

7. 在“目录”对话框中选择合适的选项后单击“确定”按钮。

使用样式创建和格式化目录时，创建出的目录是自动目录。用户可根据需要手动创建目录：单击“引用”选项卡下的“目录”组中单击“目录”按钮，在“快速样式”库中选择“手动表格”项。手动创建目录的最大好处就是目录内容可以自己填写，不受文档内容限制。

10.4.2 保持目录不断更新

Word 2010所创建的目录是以文档的内容为依据的，如果文档的内容发生了变化，如页码或者标题发生了变化，就需要更新目录，使目录与文档的内容保持一致。最好不要直接修改目录，因为这样容易引起目录与文档的内容不一致。

在创建了目录后，如果想改变目录的格式或者显示的标题等，可以再执行一次创建目录的操作，重新选择格式和显示级别等选项。操作完成后，会弹出一个对话框，询问是否要替换原来的目录，选择“是”按钮即可替换原来的目录。

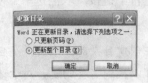

图10.13　"更新目录"对话框

如果只是想更新目录中的数据，以适应文档的变化，而不是要更改目录的格式等，可以在目录上单击鼠标右键，在弹出的快捷菜单中单击"更新域"菜单项即可，用户也可以选择目录后，按下F9键迅速更新目录中最新的修改，此时将弹出"更新目录"对话框，如图10.13所示，询问用户是只想更新页码还是更新整个目录。如果肯定没有添加或更新任何标题，就只需更新页码即可。如果要确保文档里任何修改、添加或删除的标题都在目录里更新，就要更新整个目录。

> **提示**　如果使用的是"目录样式库"中提供的目录样式来创建的目录，将鼠标置于目录中，在目录上将出现"目录"按钮及"更新目录"按钮，它们提供了编辑、更新及删除目录的功能。

如果在编辑目录时，发现标题里有拼写或编辑错误，可在目录里直接改正目录项，然后再在文档里做相关的改正，这样就不用重新编辑目录了。在目录里编辑文字，必须采用与编辑文档中的其他文字不同的方式。Word 2010为每个目录项创建了超级链接，如果按住Ctrl键单击目录项，就会跳到文档中相应的标题和页面。要选中并编辑目录，单击目录右面页边距的任意位置，此时目录中的所有文字之下会出现底纹。底纹表明目录文字实际上是部分目录域代码，然后单击和拖动选中文字，用常用的编辑方法便可进行修正。

10.5　建立图表目录

图表目录也是一种常用的目录，可以在其中列出图片、图表、图形、幻灯片或其他插图的说明，以及它们出现的页码。在建立图表目录时，用户可以根据图表的题注标签或者自定义样式的图表标签，并参考页码，按照排序级别排列，最后在文档中显示图表目录。使用题注标签创建图表目录的操作方法如下。

1.确保文档中要建立图表目录的图片、表格、图形加有题注。

2.将光标移到要插入图表目录的地方。

3.单击"引用"选项卡下"题注"组中的"插入表目录"按钮📑 插入表目录，打开"图表目录"对话框，如图10.14所示。

4.在"题注标签"下拉列表框中选择要建立目录的题注，如图表、公式、表格等。

5.在"格式"下拉列表框中选择一种目录格式，其他选项与创建一般目录一样，确定后单击"确定"按钮。

6.在创建图表目录后，当将鼠标移到图表目录上时，文档中就会显示出如图10.15所示的插入信息，按住Ctrl键后，单击鼠标左键即可跳转到相应的图表位置。

利用题注标签建立图表目录是很方便的，但有时候，文档中的标签是用户输入的，并不是用题注标签功能加上的，这时就需要使用自定义样式的图表标签建立图表目录，操作方法如下。

1.将光标移到要插入图表目录的地方。

2. 单击 "引用" 选项卡下 "题注" 组中的 "插入表目录" 按钮 ，打开 "图表目录" 对话框。

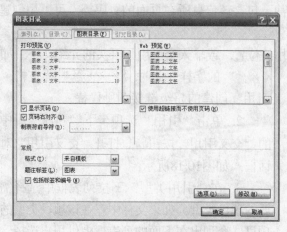

图10.14 "图表目录" 对话框 图10.15 显示插入信息

3. 单击该对话框中右下角的 "选项" 按钮，打开 "图表目录选项" 对话框，如图10.16所示。

4. 选中 "样式" 复选框，并在其右边的下拉列表框中选择图表标签使用的样式名。例如，选中自定义的 "节1图表" 样式，单击 "确定" 按钮。

5. 在 "图表目录" 对话框中选择相应选项，然后单击 "确定" 按钮。

图表目录创建完成后，可以方便地根据图表目录找到每个图表。图10.17展示了创建的图表目录示例。

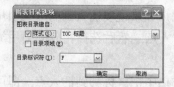

图10.16 "图表目录选项" 对话框

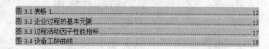

图10.17 根据文档中图表创建的图表目录

10.6 交叉引用

交叉引用就是在文档的一个位置引用文档另一个位置的内容，它类似于超级链接，只不过一般仅在同一文档中相互引用而已。如果两篇文档是同一篇主控文档的子文档，用户同样可以在一篇文档中引用另一篇文档的内容。

交叉引用常常用于需要互相引用内容的地方，如 "有关××××的使用方法，请参阅第×节"。交叉引用可以使读者能够尽快地找到想要找的内容，也能使整个文档的结构更加有条理。在长文档处理中，如果靠人工来处理交叉引用的内容，既要花费大量的时间，又容易出错。如果使用Word 2010的交叉引用功能就方便快捷多了，它可以自动确定引用的页码、编号等内容。如果以超级链接形式插入交叉引用，则读者在阅读文档时，可以通过单击交叉引用直接查看所引用的项目。

10.6.1　创建交叉引用

如果要在文档中引用其他位置的信息，甚至包含该信息所在页面的页码等，可以用创建交叉引用的办法来实现，具体操作方法如下。

1. 把光标定位在文档中需要插入交叉引用的位置，或输入交叉引用开头的介绍文字，如"有关'电子商务'的详细定义，请参见××××。"的字样；此时"××××"为空格，在使用"交叉引用"功能后，它被使用"交叉引用"创建的超级链接项所代替。

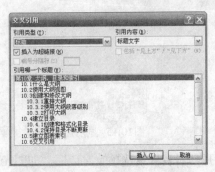

图10.18　"交叉引用"对话框

2. 单击"引用"选项卡下"题注"组中的"交叉引用"按钮，打开"交叉引用"对话框，如图10.18所示。

3. 在"引用类型"下拉列表框中选择需要的项目类型。如果文档中存在该项目类型的项目，会列出在下面的列表框中供用户选择。

4. 在"引用内容"列表框中选择要插入的信息。如"标题文字"、"页码"、"标题编号"等。注意，"引用内容"列表框中可选择的信息与"引用类型"下拉列表框中选择的项目类型有关。

5. 在"引用哪一个标题"下面选择引用的具体内容，如题注、可引用标签和编号，也可包括题注内容或题注所在的页码。

6. 要使读者能够通过插入的交叉引用直接跳转到引用的项目，选中"插入为超链接"复选框，否则，将直接插入选中项目的内容。

7. 单击"插入"按钮，即可插入一个交叉引用。用户如果还要插入别的交叉引用，可以不关闭"交叉引用"对话框，直接在文档中选择新的插入点，然后选择相应的引用类型和项目，单击"插入"按钮即可。

8. 如果选择了"插入为超链接"复选框，那么在文档中把鼠标移到插入点，即可出现如图10.15所示的插入信息，用户按住Ctrl键，单击鼠标左键可以直接跳转到引用的位置。

9. 如果"包括'见上方'/'见下方'"复选框可用，可选中此复选框来包含引用项目的相对位置的信息。

> **提示**　"包括'见上方'/'见下方'"复选框并不是在每个引用类型下都可用，只有在选择的引用类型为"编号项"，"脚注"及"尾注"时才可用。

10.6.2　修改交叉引用

在创建交叉引用后，有时需要修改其内容，例如，原来引用的是要参看1.1.2节的内容，由于章节的改变，需要改为参看1.1.3节的内容，具体修改方法如下：

1. 选定文档中的交叉引用（如1.1.2），注意不要选择介绍性的文字。

2. 单击"引用"选项卡下"题注"组中的"交叉引用"按钮，打开"交叉引用"对话框

3. 在"引用内容"下拉列表框中选择要更新引用的项目。

4. 单击"插入"按钮完成操作。

如果要修改说明性的文字，在文档中直接修改即可，并不会对交叉引用造成什么影响。

10.7　创建索引

所谓索引，就是在文档中出现的单词和短语的列表。索引列出一篇文档中讨论的术语和主题，以及它们出现的页码。建立索引是为了方便用户对文档中的某些信息进行查找。创建一个索引分为两步，首先在整个文档中标记出用户想要索引的所有条目，称为"标记索引项"（标记索引项由文档中的关键词短语或名字组成，可以通过提供文档中主索引项的名称和交叉引用来标记索引项），其次根据文档标记的条目来创建其索引。

10.7.1　标记索引项

在创建索引之前，应该首先标记文档中的索引项。可以为以下的内容创建索引项：单个单词、短语或符号；包含连续数页的主题；引用另一个索引项，例如，"'线程'请参阅'进程管理'"。当用户选择文本并将其标记为索引项时，Word 2010会添加一个特殊的XE（索引项）域，该域包括标记好了的主索引项及包含的任何交叉引用信息。在标记好了所有的索引项之后，接下来要做的事就是选择一种索引设计并生成最终的索引。Word会收集索引项，将它们按字母顺序排序，引用其页码，找到并删除同一页上的重复索引项，然后在文档中显示该索引。

一、标记单词、短语或符号

1. 若要使用原有文本作为索引项，可选择该文本；若要输入自己的文本作为索引项，在要插入索引项的位置单击。

2. 单击"引用"选项卡下"索引"组中的"标记索引项"按钮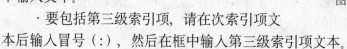，打开"标记索引项"对话框，如图10.19所示。

3. 要创建使用自定义文本的主索引项，在"主索引项"框中输入或编辑文本。

4. 如果愿意，还可以创建次索引项（次索引项：更大范围标题下的索引项。例如，索引项"线程"可具有次索引项"进程管理"和"操作系统"）。

· 要创建次索引项，请在"次索引项"框中输入文本。

· 要包括第三级索引项，请在次索引项文本后输入冒号（:），然后在框中输入第三级索引项文本。

图10.19　"标记索引项"对话框

提示　第三次索引项与次索引项用冒号（:）隔开，冒号（:）必须以半角形式输入。

· 要创建对另一个索引项的交叉引用，选择"选项"选项区下的"交叉引用"选项，然后在其输入框中输入另一个索引项的文本。

5. 如果选中"当前页"选项，可以列出索引项的当前页码，这也是默认的设置。

6. 要设置索引中将显示的页码的格式，选中"页码格式"选项区下方的"加粗"复选框或"倾斜"复选框。要设置索引的文本格式，选择"主索引项"或"次索引项"框中的文本，单击右键，然后在弹出菜单中选择"字体"命令，然后选择要使用的格式选项。

　　7. 要标记索引项，请单击"标记"按钮。要标记文档中与此文本相同的所有文本，单击"标记全部"按钮。

　　8. 要标记其他的索引项，先选择文本，在"标记索引项"对话框中，重复步骤3到步骤6的操作。

　　提示　如果要继续创建索引项，先不要关闭"标记索引项"对话框，用鼠标直接在文档窗口选定其他要制作索引的文本，然后单击"标记索引项"对话框中的"标记"按钮即可实现继续标记。

　　9. 当标记过一个索引项后，"标记索引项"对话框中的"取消"按钮将变为"关闭"按钮。单击该按钮，即可关闭"标记索引项"对话框。

　　提示　在显示非打印字符的情况下，可以看到插入的索引项。如果不显示非打印字符，插入的索引项是不可见的。

二、为连续数页的文本标记索引项

　　1. 选择需要标记索引项的文本范围。

　　2. 单击"插入"选项卡下的"链接"组中的"书签"按钮，弹出如图10.20所示的"书签"对话框。在"书签"对话框的"书签名"框中，输入名称，然后单击"添加"按钮。

　　3. 在文档中单击用书签标记的文本结尾处。

　　4. 在"引用"选项卡下的"索引"组中，单击"标记索引项"按钮，打开"标记索引项"对话框。

　　5. 在"主索引项"文本框中输入标记文本的索引项。

　　6. 要设置索引中将显示的页码的格式，选中"页码格式"下方的"加粗"复选框或"倾斜"复选框。要设置索引的文本格式，选择"主索引项"或"次索引项"框中的文本，单击右键，然后在弹出菜单中单击"字体"命令，然后选择要使用的格式选项。

　　7. 在"选项"选项区下，选择"页面范围"单选项，并输入相应的页面号范围。

　　8. 在"书签"框中，输入或选择在步骤3中输入的书签名，然后单击"标记"按钮。

10.7.2　建立索引

　　标记了索引项后，就可以选择一种索引设计并将索引插入文档中。创建索引的步骤如下。

　　1. 将光标插入点移到要创建索引的位置上。

　　2. 在"引用"选项卡下的"索引"组中，单击"插入索引"按钮，打开"索引"对话框，如图10.21所示。

　　3. 在"类型"区中选择索引的类型，如果选定"缩进式"，次级索引项相对于主索引项将缩进；如果选择"接排式"，主索引项和次索引项将排在一行中。

　　4. 在"栏数"文本框中指定栏数以编排索引，如果索引比较短，一般选择两栏。

　　5. 由于中文和西文的排序规则不同，所以要在"语言"框中选择索引使用的语言（如果用的是中文版Word 2010，一般有"中文（中国）"和"英语（美国）"两个选项）。如果语言使用的是"中文"，可以在"排序依据"列表框中指定按什么方式排序，可以是拼音或者笔画。

6. 如果选中"页码右对齐"复选框，页码将靠右排列，而不是紧跟在索引项的后面。

图10.20 "书签"对话框

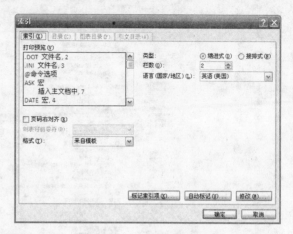

图10.21 "索引"对话框

7. 在"格式"下拉列表框中选择索引的风格，选择的结果可以通过"打印预览"框来查看。如果选定了"来自模板"选项，用户可以单击"修改"按钮，来改变索引样式的字体段落等风格。如果选定了其他样式，用户可以在"类别"下拉列表框中选择索引的类别。

设计自定义索引版式的步骤如下。

（1）在"格式"下拉列表框中，选择"来自模板"选项，然后单击"修改"按钮。

（2）在"样式"对话框中，单击需要更改的索引样式，然后单击"修改"按钮。

（3）在"修改样式"对话框的"格式"组下，选择所需的选项。

（4）要将样式更改添加到模板中，选择"基于该模板的新文档"选项。

（5）单击"确定"按钮两次。

8. 单击"确定"按钮后，会对文档重新分页，并产生索引。

提示 对于带有子文档的主控文档，可按照上述的方法标记索引项和创建索引。要在主控文档（主控文档是一组单独文件（或子文档）的容器。使用主控文档可创建并管理多个文档，例如，包含几章内容的一本书。）中标记索引项，首先应使子文档处于展开状态，然后就可以按上述步骤标记索引项并创建索引，为了方便查阅，用户可以为创建的索引建立一个子文档，把索引放到一个子文档中。

10.7.3 保证索引不断更新

如果更改了索引项或者索引项所在的页码发生了改变，用户就应该更新索引以适应索引项所发生的变化。

要更新索引，先单击索引，然后按 F9 键；或者单击"引用"选项卡下的"索引"组中的"更新索引"按钮，或在索引中单击鼠标右键，从弹出的快捷菜单中选择"更新域"菜单项，即可更新索引。

用户也可以利用创建索引的方法更新索引，新创建的索引完成后，会弹出一个对话框询问是否替换原有的索引，用户选择"是"按钮即可。

如果在索引中发现错误，找到要更改的索引项，进行更改，然后更新索引。

【动手实验】制作一本书的大纲，如图10.22所示。

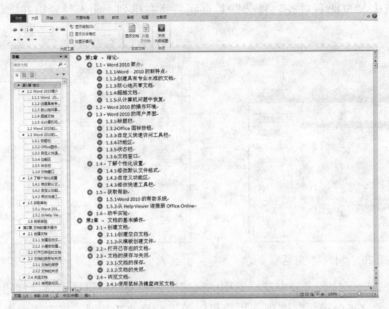

图10.22　一本书的大纲

分析：这是一本书的大纲，里面共有3级目录。作者可以根据此大纲加入内容，使用起来十分方便，这也是编写一篇长文档的通常做法。

1. 单击"快速访问工具栏"上的"新建"按钮，创建一个新文档。单击"状态栏"上的"大纲视图"按钮，文档进入大纲视图状态。

2. 在文档中输入所有的标题，此时默认的各级标题为1级标题，如图10.23所示。

3. 选中"绪论"，按"Ctrl+D"快捷键，打开"字体"对话框。在"字体"对话框中选择"高级"选项卡，如图10.24所示。在"间距"下拉列表中选择"加宽"，然后在右边的"磅值"数字框中输入4。

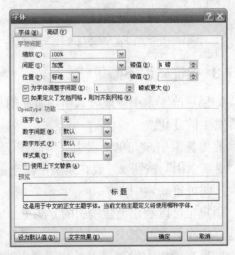

图10.23　输入各级标题　　　　　　图10.24　"高级"选项卡

4. 在"字体"选项卡下设置字体的格式，在"中文字体"下拉框中选择"宋体"，在"字形"列表框中选择"加粗"，"字号"选择"二号"。

5. 依次为2级标题设置格式，在"中文字体"下拉框中选择"宋体"，"字形"列表框中选择"常规"，"字号"选择"四号"。

6. 依次为3级标题设置格式，在"中文字体"下拉框中选择"宋体"，"字形"列表框中选择"常规"，"字号"选择"小四"。

7. 依次选中2级标题，单击"大纲"选项卡下"大纲工具"组中的"降级"按钮➡，把标题等级从原来的1级降为2级。

8. 依次选中3级标题，单击"大纲"选项卡下"大纲工具"组中的"降级"按钮➡，把标题等级从原来的1级降为3级。完成后的效果如图10.25所示。

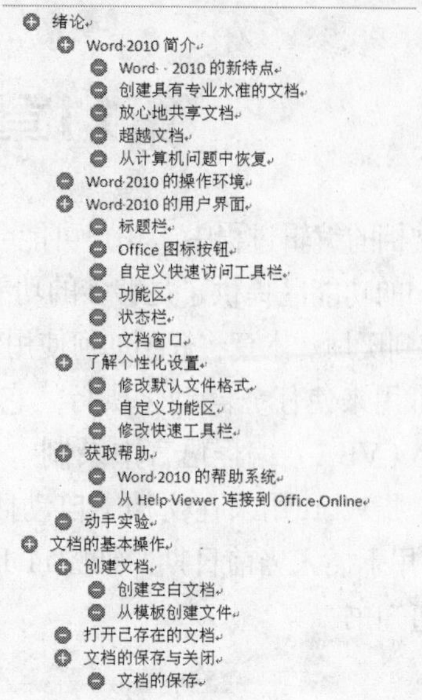

图10.25 设置完各级标题后的效果图

9. 接下来为各级标题编号。将鼠标置于"绪论"标题之前，单击"开始"选项卡下的"段落"组中的"多级列表"按钮，在打开的下拉菜单的"列表库"中选择如图10.26所示的列表样式。此时在"绪论"的前面显示编号"1"。

10. 在"多级列表"按钮菜单下选择"定义新的多级列表"项，在弹出的"定义新多级列表"对话框中的"输入编号的格式"文本框中的编号前输入"第"，编号后输入"章"。在"此级别的编号样式"下拉框中选择"1"样式的编号，如图10.27所示。

图10.26 多级列表样式

图10.27 设置1级标题

11. 在"单击要修改的级别"列表中选择"2"，然后在"输入编号的格式"文本框中输入"1.1"，接下来选择"3"，并在"输入编号的格式"文本框中输入"1.1.1"。单击"确定"按钮。此时可以看到"绪论"前显示"第1章"，Word 2010自动为每个标题进行了编号。

至此，已完成了一本书的大纲制作，最终的效果如前面的图10.22所示。

第11章 宏和域的使用

在文档的编辑过程中，用户可能会遇到这样的问题，某一个同样的工作要重复做很多次，虽然Word的功能区提供了足够多的功能按钮供用户方便地进行操作，但频繁的重复性工作还是会让人感到厌烦。本章将介绍如何使用Word的自动化技术（比如宏）来帮助用户提高工作效率。

宏可用来使任务自动化执行，它是一系列计算机指令的集合。宏在Visual Basic for Applications（VBA）编程语言中录制。

域是指Word用来在文档中自动插入文字、图形、页码和其他资料的一组代码。例如，DATE域用于插入当前日期。如图11.1所示就是利用本章将要介绍的邮件合并功能生成的统一的录取通知书。

图11.1 利用邮件合并生成的录取通知书

11.1 使用宏

如果在Word中要反复执行某项任务，可以使用宏自动执行该任务。宏是一系列的Word命令和指令，这些命令和指令组合在一起，可以实现任务执行的自动化。

以下所列是宏的一些典型应用：

· 加速日常编辑和格式设置；
· 组合多个命令，例如插入具有指定尺寸的边框，以及指定行数和列数的表格等；
· 使对话框中的选项更易于访问；
· 自动执行一系列复杂的任务。

Word中提供了大量的宏，可以使用"向导"的方式来使用它们。当然，用户还可以创建自己的宏以完成特定的工作。

11.1.1 创建宏

Word 2010提供了宏录制器，用户可以在不了解VBA的情况下创建和使用自己的宏。创建宏最简单的办法是使用宏记录器录制一系列操作，如果对VBA有一定的了解，也可以直接在Visual Basic编辑器中输入VBA代码来创建宏，或者也可同时使用这两种方法，例如可以录制一些步骤，然后添加代码来进行完善，使其具有更强大、更特别的功能。

一、使用宏录制器录制宏

宏录制器的作用如同磁带记录器。录制器通过将有目的的键盘按键和鼠标按键操作翻译为VBA代码记录下来，但是应当注意：录制宏时，可以使用鼠标单击命令和选项，但不能通过拖动鼠标来选择文本，必须使用键盘记录这些操作。例如，可以使用F8按键选择文本并按End按键将光标移到行的结尾处，而不能用鼠标拖动。

默认情况下，与"宏"相关的命令按钮不会显示在功能区上，要使用它们需要先对Word 2010进行一些设置，设置步骤如下：

1. 单击"文件"选项卡，在打开的文件管理中心中单击其右下角的"选项"按钮，打开"Word选项"对话框。

2. 单击"Word选项"对话框左侧的"自定义功能区"命令。

3. 在"Word选项"对话框右侧的"主选项卡"列表框中，选中"开发工具"复选框，如图11.2所示。

4. 单击"确定"按钮，关闭"Word选项"对话框。这个时候功能区上会显示出"开发工具"选项卡，如图11.3所示。

图11.2 "Word选项"对话框

图11.3 "开发工具"选项卡

在某些情况下，用户可能需要对大量没有格式化的表格用统一的格式进行格式化。因为表格数量众多，手工处理起来相当麻烦，这时可使用宏进行自动格式化。例如，要对课程表进行简单格式化。

其录制宏的步骤如下。

1. 在文档中选中要创建宏的表格。

2. 单击"开发工具"选项卡下的"代码"组中的"录制宏"按钮　。弹出"录制宏"对话框，如图11.4所示。

3. 在"宏名"框中，输入宏的名称。宏名只能包含字母、数字和下画线，且必须以字母开头。如果输入错误，会弹出对话框提示"无效的过程名"。在"宏名"框中输入"Format-CourseTable"，在"说明"框中输入"格式化课程表"。

4. 在"将宏保存在"框中，选择将保存宏的模板或文档。如果希望将这个宏用在所有的文档上，请选择"所有文档（Normal.dotm）"，或者也可以选择应用于某个特定的模板。本例因为希望宏能够在所有文档中使用，所以选择"所有文档（Normal.dotm）"。

5. 在"说明"框中，输入对宏的说明。这个说明会被添加为宏起始处的注释，所以最好写一个有明确意义的说明，这样可以方便以后查看。

6. 如果不希望将宏指定到工具栏和快捷键中，请直接单击"确定"按钮开始录制宏。

7. 若要将宏指定到工具栏或菜单中，单击"录制宏"对话框中的　按钮，弹出如图11.5所示的"Word选项"对话框，在其左边列表框中选择宏名，单击"添加"按钮，可将宏添加到快速访问工具栏。然后单击"确定"按钮，退出"Word选项"对话框。

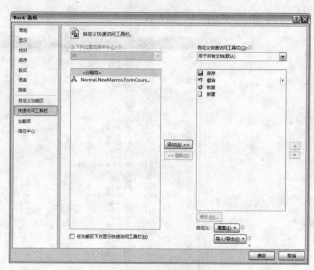

图11.4　"录制宏"对话框　　　　　　图11.5　将宏添加到快速访问工具栏

8. 要给宏指定快捷键，请单击"录制宏"对话框中的"键盘"按钮　，弹出"自定义键盘"对话框，如图11.6所示。在"命令"框中单击正在录制的宏，在"请按新快捷键"框中输入所需的快捷键，注意不要与系统使用的快捷键和Word使用的快捷键发生冲突，这里使用"Alt+F"。然后单击"指定"按钮，最后单击"关闭"按钮，开始录制宏。此时鼠标指针将变为　形状，而且"开发工具"选项卡下的"代码"组中的"录制宏"按钮变为"　停止录制"按钮。

9. 执行要包含在宏中的操作。

录制宏时，可以使用鼠标单击命令和选项，但不能选择文本。必须使用键盘记录这些操作。例如，可以使用F8键来选择文本，并按End键将光标移动到行的结尾处。如果需要暂停录制，单击"暂停录制"按钮⚟⚟，这个时候"暂停录制"按钮⚟⚟变为"恢复录制"按钮。要继续开始录制，单击"恢复录制"按钮即可。在录制过程中可以按退格键BackSpace或者Delete键来纠正输入错误。

本例中，需要进行如下操作：

1）选中表格。

2）单击"设计"选项卡，在"表格样式"组中为表格选择一种所需样式。

3）单击"开始"选项卡下的"段落"组中的"居中"按钮▤。此时表格效果如图11.7所示。

图11.6 自定义键盘对话框

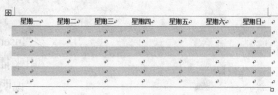

图11.7 表格效果

10. 若要停止录制宏，请单击"开发工具"选项卡下的"代码"组中的"停止录制"按钮■。

这样，一个自动格式化表格的宏就录制完了。如果需要对文档中的表格进行格式化，单击快速访问工具栏上的按钮"Normal.NewMacros.FormatCourseTables"或者使用"Alt+F"组合键即可格式化选中的表格。例如图11.8所示的是使用宏之前的文档内容，若希望对第二个表格进行格式化，选择表格后，单击快速访问工具栏上的按钮"Normal.NewMacros.Format-CourseTables"或者使用"Alt+F"组合键即可。宏执行后的效果如图11.9所示。

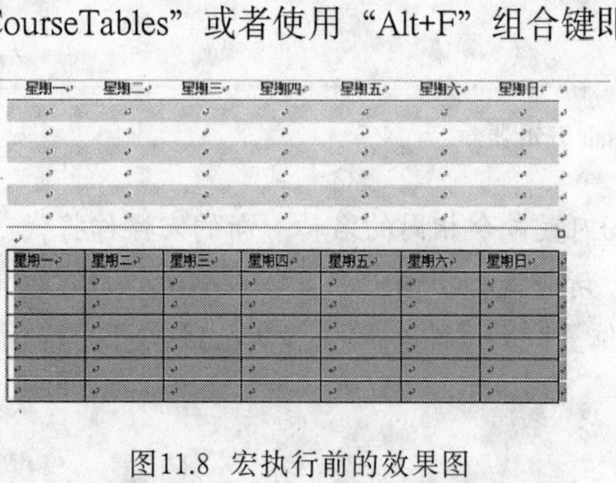

图11.8 宏执行前的效果图

图11.9 宏执行后的效果图

关于录制宏的提示说明如下。

·在录制宏之前，先计划好需要由宏执行的步骤和命令。

·如果在录制宏的过程中进行了错误操作，之后进行更正错误的操作也将被录制。录制结束后，可以编辑宏以删除不必要的操作。

·尽量预测任何可能阻止宏运行的信息，提前处理它们。

·如果要在其他文档中使用正在录制的宏，请确认该宏与当前文档的文本内容无关。

·如果经常用某个宏，可将其指定给工具栏按钮、菜单或快捷键。这样，就可以直接运行该宏而不必打开"宏"对话框。

二、使用"Visual Basic编辑器"创建宏

可以使用Visual Basic编辑器来创建非常灵活且功能强大的宏，其中还包含无法录制的Visual Basic指令。使用Visual Basic编辑器时，可以获取附加的帮助，例如关于对象和属性的参考信息。

图11.10 "宏"对话框

通过使用VBA创建宏的操作步骤如下。

1.单击"开发工具"选项卡下的"代码"组中的"宏"按钮，系统会自动打开如图11.10所示的"宏"对话框。

2.在"宏的位置"列表中，选择将保存宏的模板或文档。

3.在"宏名"框中，输入宏的名称"Insert-BookName"，这里制作一个简单的宏用来插入书名"Word 2010教程"，然后在"说明"框中输入"插入书名"。

4.单击"创建"按钮，打开"Visual Basic编辑器"，如图11.11所示。在Sub InsertBook-Name()下输入相应的语句，关闭编辑器，即完成了宏的创建。

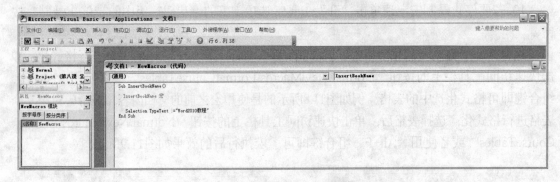

图11.11 Visual Basic编辑器

提示 如果为一个新的宏指定与现有 Word 2010内置命令相同的名称，新的宏操作将代替现有的操作。若要查看内置的宏列表，请将鼠标指向"工具"菜单上的"宏"选项，然后单击"宏"命令。在"宏的位置"列表中，单击"Word命令"。

11.1.2 保存宏

可以将宏保存在模板或文档中。默认情况下，Word 2010将宏保存在Normal模板中，这样所有Word文档都可使用宏。如果需要在单独的文档中使用宏，可以将宏保存在该文档中。在文档中，单独的宏保存在宏方案中，可以将该宏从文档中复制到其他文档。

11.1.3 重命名宏

有时用户需要修改宏名，使其更贴近其功能。

重命名宏的操作步骤如下。

1. 单击"开发工具"选项卡下的"代码"组中的"宏"按钮，打开如图11.10所示的"宏"对话框。

2. 单击该对话框中的"管理器"按钮，弹出"管理器"对话框。

3. 在"管理器"对话框中，单击"宏方案项"选项卡。

4. 在该选项卡左边列表框中，单击要重命名的项目名称，然后单击"重命名"按钮，弹出"重命名"对话框，如图11.12所示。

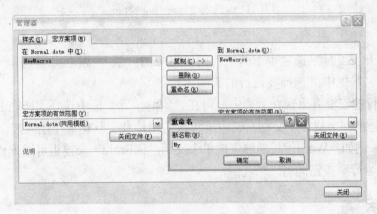

图11.12 "重命名"对话框

5. 在"重命名"对话框中为该项目输入新名称，这里输入"My"。

6. 单击"确定"按钮，再单击"关闭"按钮，这样"NewMacros"宏就被重命名为"My"。

11.1.4 编辑宏

如果用户对VBA有一定的了解，当需要完善某个宏时，就可以在Visual Basic编辑器中打开宏进行更正，或重命名、复制单个宏，或添加无法在Word中录制的指令。具体操作步骤如下：

1. 单击"开发工具"选项卡中的"代码"组中的"宏"按钮，打开"宏"对话框。在这里把以前录制的宏"InsertBookName"改为插入书名"《Word 2010教程》"。

2. 在"宏名"框中单击要编辑的宏的名称"InsertBookName"。如果宏没有出现在列表中，可在"宏的位置"框中选择含有宏的文档、模板或列表。

3. 单击"编辑"按钮。打开Visual Basic编辑器，如图11.13所示。可以在其中对代码进行相应的修改。修改完毕后，关闭编辑器，这个时候执行"InsertBookName"宏会在光标位置处插入书名。

11.1.5 运行宏

宏有可能包含病毒，因此在运行宏时要格外小心。可采用下列预防措施：在计算机上运行最新的防病毒软件；将宏的安全级别设置为"高"；清除"信任所有安装的加载项和模板"复选框；使用数字签名；维护可靠发行商的列表。

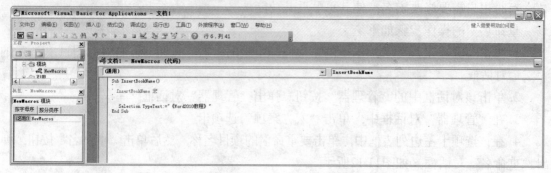

图11.13　编辑宏"InsertBookName"

运行宏的步骤如下。

1. 单击"开发工具"选项卡下的"代码"组中的"宏"按钮，打开"宏"对话框。
2. 在"宏名"框中，选择要运行的宏的名称。

如果要运行的宏没有出现在列表中，可在"宏的位置"框中选择宏所在的文档、模板或列表。（模板是指一个或多个文件，其中所包含的结构和工具构成了已完成文件的样式和页面布局等元素。例如，Word模板能够生成单个文档，而FrontPage模板可以形成整个网站。）

3. 单击"运行"按钮即可。

11.1.6　删除宏

宏方案又称宏工程，其含义为组成宏的组件的集合，包括窗体、代码和类模块。在VBA中创建的宏工程可包含于加载宏以及大多数的Office程序中。

如果只需要删除单个宏，操作步骤如下：

1. 单击"开发工具"选项卡中的"代码"组中的"宏"按钮，打开"宏"对话框。
2. 在"宏名"框中单击要删除的宏的名称。
3. 如果该宏没有出现在列表中，在"宏的位置"框中选择包含宏文档或模板。
4. 单击"删除"按钮。

如果需要删除整个宏方案，操作步骤如下：

1. 单击"开发工具"选项卡下的"代码"组中的"宏"按钮，打开"宏"对话框。
2. 单击"管理器"按钮，打开"管理器"对话框，选择"宏方案项"选项卡，如图11.14所示。
3. 在"宏方案项"选项卡上，选择要从列表中删除的宏方案，然后单击"删除"按钮。

提示　左边的列表中显示活动文档（活动文档是指正在处理的文档。当前输入的文本或插入的图形将出现在活动文档中。活动文档的标题栏是突出显示的。）中使用的宏方案，右边的列表中显示Normal文档模板（Normal模板是指可用于任何文档类型的共用模板。可修改该模板，以更改默认的文档格式或内容。）中使用的宏方案。

图11.14 "宏方案项"选项卡

11.2 使用域

域相当于文档中可能发生变化的数据或邮件合并文档中套用信函、标签的占位符。Word 2010会在使用一些特定命令时插入域，如"插入"选项卡下的"文本"组中的"日期和时间"命令。也可以通过使用"插入"选项卡下的"文本"组中的插入"文档部件"命令手动插入域。

域名（字段名）是指邮件合并数据源中一类信息的名称。例如，"City"、"State"和"PostalCode"就是地址列表中经常使用的字段名。

域代码是占位符代表的文本，它显示出了数据源的指定信息的显示位置，也可以作为生成字段结果的元素。域代码包括字段字符、字段类型和指令。

域结果是当Word执行域指令时，在文档中插入的文字或图形。在打印文档或隐藏域代码时，将以域结果替换域代码。

域开关是在域的使用中，导致产生特定操作的特殊指令。

11.2.1 域的用途

可以在文档中任何需要的地方插入域，域的用途如下：

·显示文档信息，如作者姓名、文件大小或页数等。若要显示这些信息，请使用AUTHOR、FILESIZE、NUMPAGES或DOCPROPERTY域。

·进行加、减或其他计算，请使用=（Formula）域进行该操作。

·在合并邮件时与文档协同工作。例如，插入ASK和FILLIN域可在Word将每条数据记录与主文档合并时显示提示信息。

在其他情况下，使用Word提供的命令和选项可以更方便地添加所需信息。例如，可使用HYPERLINK域插入超链接，但是使用"插入"菜单上的"超链接"命令会更加方便。

11.2.2 插入域

插入域的操作步骤如下：

1. 单击要插入域的位置。

2. 单击"插入"选项卡下的"文本"组中的"文档部件"按钮▤，在弹出的下拉菜单中选择"域"命令,弹出"域"对话框。

3. 在"类别"框中,选择所需类别。如需要在文档中插入当天日期,请选择"日期和时间"类别,如图11.15所示。

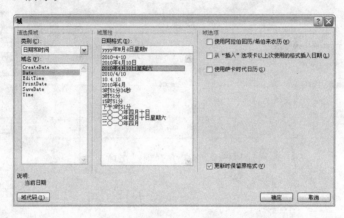

图11.15 选择类别

4. 在"域名"框中,选择一个域名。这里选择"Data",再在"日期格式"列表中选中"2010年4月10日"。如果要在"域"对话框中查看特定域的代码,可单击"域代码"按钮,打开"高级域属性"页面。在右边的"高级域属性"栏下面的"域代码"中可以看到域代码"DATE \@ '"yyyy'年'M'月'd'日'",如图11.16所示。

图11.16 "高级域属性"中的域代码

5. 单击"确定"按钮,此时日期和时间域就被插入到文档中去了。

如果知道要插入的域的代码,也可直接将其输入到文档中。方法是:首先按Ctrl+F9组合键,然后在括号中输入代码。

11.2.3 查看域

一般情况下,用户只能看到域插入到文档中的信息,而不是域本身。如果想显示域,并对其进行编辑,可以使用快捷键显示或者关闭它们。使用快捷键Alt+F9,就会显示出文档中的所有域。如果要关闭显示,再次按下Alt+F9组合键即可。如果需要查看某一个域,可以选中要查看的域,单击鼠标右键,在打开的快捷菜单中选择"切换域代码"命令即可。如果要关闭显示,再次单击鼠标右键,在打开的快捷菜单中选择"切换域代码"命令即可。

11.2.4 编辑域

编辑域的操作步骤如下:

1. 选中需要编辑的域。

2. 单击鼠标右键, 在弹出的快捷菜单中选择"编辑域"命令, 弹出"域"对话框, 如图11.17所示。

> **提示** 对于某些域, 如AutoTextList域, 需要显示域代码以后才能编辑。显示域代码的方法是单击域, 然后按Shift+F9组合键。

3. 更改域属性。

如果显示了"域属性"和"域选项", 则可以直接选择所需的新属性和新选项。如果需要直接处理域代码, 但又看不到域代码, 则可单击"域代码"按钮来查看代码, 并通过"域选项"对话框以添加域开关或其他选项, 如图11.18所示。

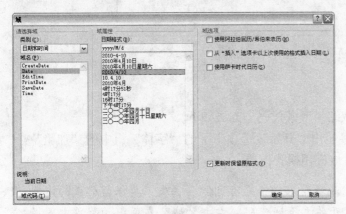

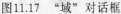

图11.17 "域"对话框　　　　　　　　　　图11.18 "域选项"对话框

如果只显示了高级域属性（域代码）, 用户可以直接处理域代码以编辑域, 或在"高级域属性"页面中单击"选项"按钮, 打开"域选项"对话框以添加域开关或其他选项。

4. 单击"确定"按钮, 在文档中即可看到重新编辑后的域的效果了。

11.2.5 更新域

可以通过更新域来显示最新结果, 方法如下:

1. 选中需要更新的域。

2. 单击鼠标左键, 此时在域的上方出现"更新"按钮 ，单击该按钮（或单击鼠标右键, 在弹出的快捷菜单中选择"更新域"命令）, 即可在文档中看到最新结果。

如果希望在每次打印文档前都更新文档中的全部域, 可以对打印机进行设置。设置方法如下:

1. 单击"文件"选项卡, 在打开的文件管理中心中单击右下角的"选项"按钮, 打开如图11.19所示"Word选项"对话框。

2. 单击"Word选项"对话框左侧的"显示"命令。

3. 在"Word选项"对话框右侧的"打印选项"选项组中选中"打印前更新域"复选框。

4. 单击"确定"按钮,关闭"Word选项"对话框。

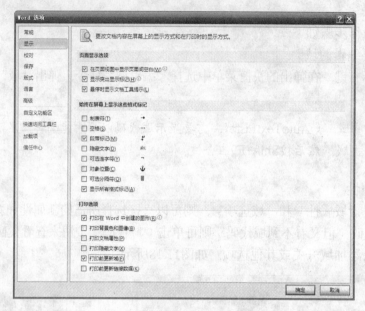

图11.19 "Word选项"对话框

11.2.6 设置域结果的格式

可以方便地将格式直接应用于域结果或域代码,方法如下:

选择要设置格式的域,可以直接使用"开始"选项卡下的"字体"组中的"加粗"、"倾斜"、"下画线"等命令按钮对域应用格式设置。

> **提示** 如果更新了域,直接应用于此域结果的格式有可能会丢失。要保留格式的方法是:将*MERGEFORMAT开关添至域代码。右击"域"在弹出的菜单中选择"编辑域",打开"域"对话框,选中右下角的"更新时保留原格式"项即可。

11.2.7 利用域进行计算

可以使用域来进行文档中的数据运算,前提是进行运算的数据必须也是由域插入的,或者带有书签标记。

比如文档中有三项数据:语文考试成绩、数学考试成绩、英语考试成绩,现在需要计算它们的总和,计算步骤如下:

> **提示** 如果三个成绩都不带有书签标记或者是由其他的域插入的,请首先插入书签,使它们带有书签标记。选中需要插入书签的文本,单击"插入"选项卡下的"链接"组中的"书签"按钮📑,弹出"书签"对话框,如图11.20所示,在其中输入"书签名",然后单击"添加"按钮,再关闭"书签"对话框即可。

1. 在文档中选中要插入数据的位置。

2. 单击"插入"选项卡下的"文本"组中的"文档部件"按钮📄,在下拉菜单中选择"域"项,弹出"域"对话框,在"类别"中选择"(全部)","域名"中选择"=(Formula)",在"域属性"下单击"公式"项,弹出"公式"对话框,如图11.21所示。

2010 年 6 月 25 日星期五

语文　85

数学　89

英语　83

　　　　图11.20　插入书签　　　　　　　　　　　　　图11.21　"公式"对话框

3. 在"粘贴函数"栏下选择"SUM"，这个时候"公式"编辑框中自动出现"=SUM0"，再单击"粘贴书签"下拉按钮，在下拉列表中依次选择"Chinese"，"English"，"Math"，但是要注意在公式中把这三者用逗号隔开。最后公式变为"=SUM（Chinese，English，Math）"，这个时候还可以设置数字格式，然后单击"确定"按钮，关闭"公式"对话框。

4. 这时在指定位置就可以出现所计算的结果了。

如果前面的成绩有更新，只需要更新域就可以了。

11.2.8　邮件合并

"邮件合并"这个名称最初是在批量处理"邮件文档"时提出的，具体地说，就是在邮件文档（主文档）的固定内容中，合并与发送信息相关的一组通信资料（数据源，如Excel表、Access数据表等），从而批量生成需要的邮件文档，从而大大提高工作的效率。

显然，"邮件合并"功能除了可以批量处理信函、信封等与邮件相关的文档外，还可以轻松地批量制作标签、工资条、成绩单等。

Word 2010提供了功能强大操作方便的"邮件"选项卡，这让"邮件合并"操作更加方便和容易。

通过"邮件合并"功能可以生成多份类似的文件。例如，使用邮件合并制作一个统一的录取通知书，操作步骤如下：

1. 单击"快速访问工具栏"中的"新建"按钮，打开一个新文档。

2. 撰写一份录取通知书模板。

3. 对内容进行格式设置。

通过单击"开始"选项卡下的"字体"组中的各个命令按钮进行如下的格式设置："北方大学"、"仿宋_GB2312"、"初号"、"加粗"居中对齐；"攻读硕士学位研究生录取通知书"：宋体（中文正文）、小二、粗体。正文：仿宋_GB2312，小四。北方大学（盖章）字体"仿宋_GB2312"，字号小二。时间数据格式为"仿宋_GB2312"，三号，效果如图11.22所示。

4. 单击"页面布局"选项卡下的"页面背景"组中的"水印"按钮，选择"文字水印"命令，添加文字水印"北方大学"。

5. 单击"邮件"选项卡下的"开始邮件合并"组中的"开始邮件合并"按钮，在弹出的下拉菜单中选择"信函"命令。

6. 单击"邮件"选项卡下的"开始邮件合并"组中的"选择收件人"按钮，这里需要输入收件人信息，所以在弹出的下拉菜单中选择"输入新列表"项，这时将弹出"新建地址列表"对话框，如图11.23所示。

图11.22 录取通知书　　　　　图11.23 "新建地址列表"对话框

7. 单击"自定义列"按钮，打开"自定义地址列表"对话框，如图11.24所示。在对话框中通过使用"添加"、"删除"和"重命名"按钮将数据源中的项目改为适合要求的字段名。

8. 列表中已经含有"名字"字段，所以这里只需要添加"身份证号"字段。单击"添加"按钮，打开"添加域"对话框，在"输入域名"框内输入"身份证号"，单击"确定"按钮，将"身份证号"添加到"自定义地址列表"对话框的"字段名"列表框中。

9. 如果还需要添加别的字段，请重复上面的步骤，然后使用"自定义地址列表"对话框中的"上移"、"下移"按钮调整字段的顺序。

10. 单击"确定"按钮，返回"新建地址列表"对话框，输入录取学生的信息，在完成每一个条目的输入后，单击"新建条目"按钮，增加新的条目。也可以通过"查找"按钮对条目进行筛选。录入三条记录后的地址列表如图11.25所示。

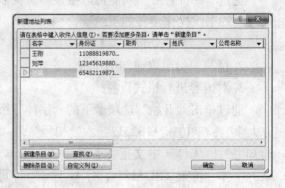

图11.24 添加了域名以后的"自定义
地址列表"对话框　　　　　图11.25 新建地址列表

11. 在地址列表编辑完后，单击"关闭"按钮，将出现"保存通讯录"对话框，输入文件名，单击"保存"按钮。之后可以单击"邮件"选项卡下的"开始邮件合并组"组中的"编辑收件人列表"按钮，打开"邮件合并收件人"对话框，如图11.26所示。可在此对话框内对学生信息进行修改等。确认无误后，单击"确定"按钮。

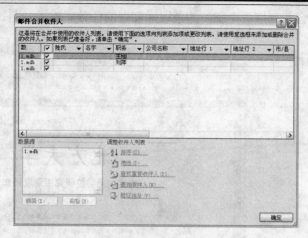

图11.26 "邮件合并收件人"对话框

12. 在通知书正文中，选中需要输入姓名的位置，然后单击"邮件"选项卡下的"编写和插入域"组中的"插入合并域"按钮，在弹出的下拉列表中单击"名字"选项即可。插入身份证号的方法相同。插入合并域后的效果如图11.27所示。

图11.27 插入合并域后的效果

13. 单击"邮件"选项卡下的"预览结果"组中的"预览结果"按钮，即可以看到预览结果。在"预览结果"组中，单击"上一记录◀"、"下一记录▶"、"首记录◀"、"尾记录▶"按钮，可以预览生成的多个录取通知书。

14. 确认无误后，单击"邮件"选项卡下的"完成"组中的"完成邮件合并"按钮，根据需要选择"编辑单个文件"、"打印文档"、"发送电子邮件"选项即可。如果选择了"编辑单个文件"，将会弹出"合并到新文档"对话框，如图11.28所示。在这里可以设定准备合并的记录，然后单击"确定"按钮。

到此，利用邮件合并制作一个统一的录取通知书的任务完成了，图11.29给出了一个最终的录取通知书效果图。

图11.28　"合并到新文档"对话框　　　　图11.29　最终的录取通知书效果图

【动手实验】制作某大学入学录取通知书。

主要操作步骤如下：

1. 单击"快速访问工具栏"中的"新建"按钮，打开一个新文档。

2. 撰写一份录取通知书模板。

3. 对内容进行格式设置。

通过单击"开始"选项卡下的"字体"组中的各个命令按钮进行如下的格式设置：

· "普通高等学校"："仿宋_GB2312"、"三号"字体，居中对齐。

· "入学录取通知书"：宋体（中文正文）、"一号"字体，"加粗"，居中对齐。

· 正文："仿宋_GB2312"，"四号"字体。

· 人才大学（盖章）："仿宋_GB2312"、"小二"字体。

· 时间："仿宋_GB2312"、"三号"字体。

4. 单击"页面布局"选项卡下的"页面背景"组中的"水印"按钮，选择"文字水印"命令，添加文字水印"人才大学"，效果如图11.30所示。

5. 单击"邮件"选项卡下的"开始邮件合并"组中的"开始邮件合并"按钮，在弹出的下拉菜单中选择"信函"命令。

6. 单击"邮件"选项卡下的"开始邮件合并"组中的"选择收件人"按钮，在弹出的下拉菜单中选择"输入新列表"命令。

7. 单击"自定义列"按钮，打开"自定义地址列表"对话框。

8. 单击"添加"按钮，打开"添加域"对话框，在"输入域名"框内输入"专业"，单击"确定"按钮，将"专业"添加到"自定义地址列表"对话框的"字段名"列表框中。

9. 单击"确定"按钮，返回"新建地址列表"对话框，输入学生信息，在完成每一个条目的输入后，单击"新建条目"，增加新的条目。录入三条记录后的地址列表如图11.31所示。

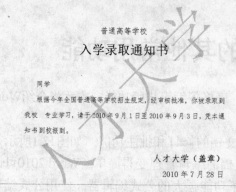
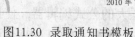

图11.30 录取通知书模板

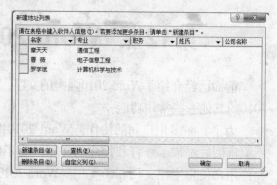

图11.31 新建地址列表

10. 在地址列表编辑完后，单击"关闭"按钮，在"保存通讯录"对话框中输入欲保存的文件名，单击"保存"按钮。

11. 在通知书正文中，选中需要输入姓名的位置，然后单击"邮件"选项卡下的"编写和插入域"组中的"插入合并域"按钮，在弹出的下拉列表中单击"名字"选项即可。插入"专业"的方法相同。插入合并域后的效果如图11.32所示。

12. 单击"邮件"选项卡下的"预览结果"组中的"预览结果"按钮，查看预览生成的多个录取通知书的效果。

13. 确认无误后，单击"邮件"选项卡下的"完成"组中的"完成邮件合并"按钮，选择"编辑单个文件"，弹出"合并到新文档"对话框。在这里可以设定准备合并的记录，如第2条记录，然后单击"确定"按钮。

到此，利用邮件合并制作一个统一的录取通知书的任务完成了，图11.33给出了一个最终的录取通知书效果图。

图11.32 插入合并域后的效果

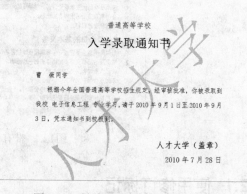

图11.33 最终的录取通知书效果图

第12课 Word 2010的其他常用功能

前面已经介绍了Word 2010强大的文字、图像、表格等编辑排版功能。本章将介绍Word 2010的其他一些常用功能。

为了方便多用户间的协作，Word 2010提供了文档的修订和批注功能。如图12.1所示是一篇审阅后添加了修订和批注的文档。为了使大文档的编辑管理变得简单，Word 2010可以允许用户使用主控文档和子文档。Word 2010自带了功能强大的公式编辑器，使用公式编辑器可以快捷制作出需要的公式。为了进一步提高用户的工作效率，Word 2010允许对快速访问工具栏和快捷键进行自定义，以更好地符合用户的习惯。

图12.1 带有修订和批注的文档

12.1 使用修订标记

启用修订功能时，每位审阅者的每一次插入、删除或是格式更改都会被标记出来。当用户查看修订时，可以接受或拒绝各处的更改。

12.1.1 设置修订选项

单击"审阅"选项卡下的"修订"组中的"修订"按钮，在弹出的下拉菜单中选择"修订选项"命令，打开"修订选项"对话框，如图12.2所示。可以根据需要，设置修订标记以及批注框的格式等操作，设置后单击"确定"按钮即可。

12.1.2 编辑时标记修订

编辑过程中标记修订的操作方法如下。

1. 打开需要修订的文档。

2. 单击"审阅"选项卡下的"修订"组中的"修订"按钮，在弹出的下拉菜单中选择"修订"命令。

3. 通过插入、删除、移动文字或移动图形进行所需更改，也可更改文档的格式。

4. 单击"审阅"选项卡下的"修订"组中的"显示标记"按钮，在弹出的下拉菜单中单击"批注框"命令，然后在弹出的下拉菜单中可以选择修订的显示方式。审阅者可以根据自己的习惯进行设置。

5. 若想取消修订功能，只需再次单击"审阅"选项卡下的"修订"组中的"修订"按钮，在弹出的下拉菜单中选择"修订"命令即可。

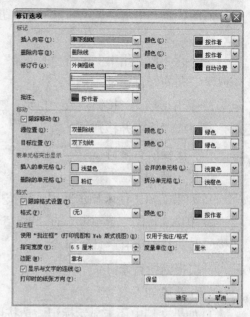

图12.2 "修订选项"对话框

提示 如果使用修订并将文档另存为网页，修订将显示在网页中。

12.2 使用审阅与批注

用户编辑完文档之后，可能经常需要请他人进行审阅。为了避免审阅者对文档做出永久性的修改，凡是审阅者对文档改动过的地方都应设置一个标记。这样，用户就可以知道哪些地方进行了改动，然后再决定哪些改动是可以接受的，哪些改动是不可以接受的。

为了便于联机审阅，Word 2010允许在文档中快速创建和查看修订和批注。为了保留文档的版式，Word 2010在文档的文本中显示了一些标记元素，而其他元素比如插入或删除、格式更改和批注则显示在文档中。在文档的页边距或"审阅窗格"中会显示批注。

12.2.1 审阅修订

启用修订功能时，审阅者的每一次插入、删除或是格式更改都会被标记出来。当查看这些标记时，可以接受或拒绝每处的更改。

"审阅"选项卡下的"更改"组提供了浏览、接受、拒绝修订等工具。用户可以借助此"更改"组中的命令方便地进行以下操作。

一、逐项审阅文档中的修订

操作步骤如下：

1. 如果文档中还未显示标记，单击"审阅"选项卡下的"修订"组中的"最终：显示标记的"按钮，在弹出的下拉菜单中选择文档的标记显示状态。选择"最终：显示标记"会显示全部的标记。选择"最终状态"项会直接显示修订的结果。选择"原始状态"项会显示修订前的状态。单击"显示标记" 📄按钮，在下拉菜单中可以控制各种修订标记的显示及隐藏。

2. 在"更改"组中上单击"上一条"按钮 或"下一条"按钮 ，可以查看文档中上一条或下一条的修订记录。

3. 单击"接受"按钮 或"拒绝"按钮 ，在弹出的下拉菜单中单击"接受并移到下一条"命令或"拒绝并移到下一条"命令。

二、一次接受所有修订

操作步骤如下：

1. 如果文档中还未显示标记，请按照前面所述方法设置文档修订标记为显示。

2. 单击"审阅"选项卡下的"更改"组中的"接受"按钮 ，在弹出的下拉菜单中单击"接受对文档的所有修订"命令。

三、一次拒绝所有修订

操作步骤如下：

1. 如果文档中还未显示标记，请按照前面所述办法设置文档修订标记为显示。

2. 单击"审阅"选项卡下的"更改"组中的"拒绝"按钮 ，在弹出的下拉菜单中单击"拒绝对文档的所有修订"命令。

四、审阅由特定审阅者创建的修订项

操作步骤如下：

1. 设置文档修订标记为显示。

2. 在"审阅"选项卡下的"修订"组中，单击"显示标记" 📄按钮，在弹出的下拉菜单中指向"审阅者"，然后仅选中要审阅其修订的审阅者的复选框。若要审阅或清除列表中所有审阅者的修订，可选中"所有审阅者"复选框。

12.2.2　插入批注

批注与审阅不同，它是附到文档上的注释，不会影响文章的格式，也不会被打印出来。插入批注可以提醒用户完成某项任务或者批注他人的作品。

插入批注的操作步骤如下：

1. 选择要设置批注的文本或内容，或单击文本的尾部。

2. 单击"审阅"选项卡下的"批注"组中的"新建批注"按钮 。

3. 在批注框中输入批注文字。

图12.3就是一篇文档插入批注后的效果。

12.2.3　查找和编辑批注

如果在屏幕上看不到批注，单击"审阅"选项卡下的"修订"组中的"显示标记"按钮 ，或者借助于"批注"组中的"上一条"按钮 和"下一条"按钮 ，可以很方便地在批注间切换。还可以单击"审阅"选项卡下的"修订"组中的"审阅窗格"按钮 ，打开"审阅"窗格，在打开"审阅"窗格的情况下，可以看到文档中的所有批注。

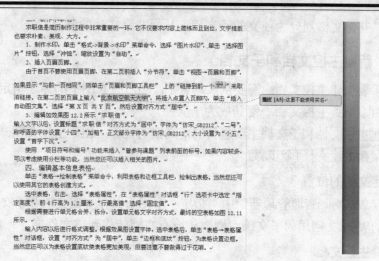

图12.3　插入批注

可以在"审阅"窗格和标记的批注框内编辑批注。在"审阅"窗格内更改批注与在文档内所做的效果是一样的，可以对其使用"开始"选项卡下的格式编辑工具，也可以应用样式。

12.2.4　删除批注

删除单个批注和多个批注的做法是不同的，下面分别讲解。

一、删除单个批注

1. 选中需要删除的批注。

2. 单击"审阅"选项卡下的"批注"组的"删除"按钮，或单击鼠标右键，在弹出的快捷菜单中单击"删除批注"命令。

二、删除多个批注

如果要删除所有批注，单击"审阅"选项卡下的"批注"组的"删除"按钮下的小三角形，在弹出的下拉菜单中单击"删除文档中的所有批注"项，此时将删除选定审阅者的所有批注，包括屏幕上未显示的批注。

如果需要删除指定审阅者的批注，操作方法如下：

1. 单击"审阅"选项卡下的"修订"组中的"显示标记"按钮。

2. 若要清除所有审阅者的批注，请指向"审阅者"项，再单击"所有审阅者"项。

3. 单击"审阅"选项卡下的"修订"组中的"显示标记"按钮，然后选中要删除其批注的审阅者的复选框。

　提示　用户还可以在"审阅"窗格中查看和删除批注。若要显示或隐藏"审阅"窗格，
　　　　单击"修订"组中的"审阅"窗格按钮即可。

12.3　使用主控文档

主控文档是一组单独文件（或子文档）的容器，包含与一系列相关子文档关联的链接。使用主控文档可创建并管理多个文档，例如，对于包含了几章内容的一本书的文档，就可以将长文档分成较小的、更易于管理的子文档，从而便于组织和维护。可以将主控文档保存在

网络上，并将文档划分为独立的子文档，从而共享文档的所有权。

12.3.1　新建主控文档和子文档

如果要创建主控文档，需要从大纲着手，然后将大纲中的标题指定为子文档，也可以将当前文档添加到主控文档，使其成为子文档。

创建主控文档和子文档主要包括确定文档的位置、创建主控文档、将子文档添加到主控文档和保存主控文档4个步骤。

一、确定文档的位置

在"Windows资源管理器"中，指定一个用于保存主控文档和子文档的文件夹。如果要将原有的Word文档用为子文档，则要将原有文档转移到该文件夹。

二、创建主控文档

可以选择创建新主控文档的大纲或者将已有文档转换为主控文档。

创建新主控文档大纲的操作步骤如下：

1. 新建空白文档。

2. 单击"视图"选项卡下的"文档视图"组中的"大纲"按钮，或者单击文档窗口中的状态栏右下角的"大纲视图"按钮，同时也可以使用快捷键"Ctrl+Alt+O"，切换到大纲视图，此时出现"大纲"选项卡如图12.4所示。

图12.4　"大纲"选项卡

3. 输入文档和各子文档的标题，并确认在输入每个标题后按Enter键。Word会将标题格式设为内置标题样式"标题1"。

4. 给每个标题指定标题样式（例如，标题使用"标题1"，每个子文档的标题使用"标题2"）。若要执行上述操作，可使用"大纲"工具栏上的按钮：如单击大纲工具组中的"升级"按钮提升标题级别。单击"降级"按钮会降低标题级别。

将原有文档转换为主控文档的操作步骤如下：

1. 打开需要用为主控文档的文档。

2. 在"视图"选项卡上，单击"文档视图"组中的"大纲"按钮，或者单击文档窗口中的状态栏右下角的"大纲视图"按钮，同时也可以使用快捷键"Ctrl+Alt+O"，切换到大纲视图。

3. 给每个标题指定标题样式。

对于任何非标题内容，必须选中该内容并在"大纲工具"工具栏上，单击"降为'正文文本'"按钮，使其成为前一标题下的正文文本。

三、将子文档添加到主控文档

在这里可以选择以下两种方式之一。

（一）由大纲标题创建子文档。

如果要由大纲标题创建子文档，必须先有一份主控文档的大纲，操作方法如下：

1. 单击"视图"选项卡下的"文档视图"组中的"大纲"按钮，切换到"大纲"视图。

2. 在主控文档中，选择要独立作为子文档的标题和文字。

> **提示** 所选部分的第一个标题设置了标题样式或大纲级别，并且是需要应用于每个子文档的开始部分的标题样式和大纲级别。例如，如果所选部分以标题2开始，则Word会为所选文字中的每一个标题2创建新的子文档。

3. 单击"大纲"选项卡下的"主控文档"组中的"创建"按钮。

Word会在每个子文档之前和之后插入连续的分节符。

需要特别说明的是：

·如果在"大纲"选项卡下的"主控文档"组中看不到"创建"、"插入"等按钮，可单击该组中的"显示文档"按钮。

·如果"创建"、"插入"等按钮为不可用，单击"大纲"选项卡下的"主控文档"组中的"展开子文档"按钮。

·将子文档添加到主控文档后，如果没有先在主控文档中将其删除，请不要随意移动或删除它。

·只能在主控文档中对子文档中进行重命名。

（二）在主控文档中插入一个原有的Word文档。

1. 打开主控文档，切换到"大纲"视图。

2. 如果子文档处于折叠状态，在"大纲"工具栏上单击"展开子文档"按钮。

3. 单击要添加文档的位置。请确认单击的是原有子文档之间的空白行。

4. 单击大纲工具组中的"插入"按钮，弹出"插入子文档"对话框。

5. 在"文件名"框中，输入要添加的文件名称，然后单击"打开"按钮。

四、保存主控文档

其操作步骤如下：

1. 单击"文件"选项卡，在打开的文件管理中心中单击"另存为"命令，弹出"另存为"对话框。

2. 在打开的"另存为"对话框中选择保存的位置，输入主控文档的文件名，然后单击"保存"按钮。

Word将根据主控文档大纲中子文档标题的起始字符，自动为每个新子文档指定文件名。例如，某个以大纲标题"第一章"开头的子文档可能会被命名为"第一章.docx"。

12.3.2 从主控文档中删除子文档

有些时候用户会发现主控文档的编排可能不合理，或者向主控文档中插入了错误的子文档，这时需要删除子文档。

从主控文档中删除子文档的操作步骤如下：

1. 打开需要删除子文档的主控文档。

2. 切换到"大纲"视图。

3. 如果子文档处于折叠状态，单击"大纲"选项卡下的"主控文档"组中的"展开子文档"按钮 。

4. 如果要删除的是锁定的子文档，则先解除锁定。

解除锁定的操作方法如下：

（1）单击要解除锁定的子文档中的任何位置。

（2）单击"大纲"选项卡下的"主控文档"组中的"锁定文档"按钮 。

5. 单击要删除的子文档的图标（如果无法看到子文档图标，请在"主控文档"组中单击"显示文档"按钮 ）。

6. 按Delete键即可删除子文档。

> **提示**　当从主控文档中删除子文档时，子文档文件仍处于其原始位置。

12.3.3 合并或拆分子文档

合并或拆分子文档的操作步骤如下。

1. 切换到"大纲"视图。

2. 如果子文档处于折叠状态，请在"大纲"工具栏上，单击"展开子文档"按钮 。

3. 如果要合并或拆分的子文档处于锁定状态，请解除锁定。

此时可以进行合并子文档或拆分子文档的操作。

一、合并子文档

合并子文档的操作步骤如下：

1. 如果看不到子文档图标，请单击"大纲"选项卡下的"主控文档"组中的"显示文档"按钮 。

2. 移动要合并的子文档并使其两两相邻，这里分以下两个步骤：

（1）要选择要移动的子文档，请直接单击文档中的"子文档"图标 。要选择多个相邻的子文档，则先单击第一个子文档图标，然后在按住Shift键的同时，单击这组子文档中的最后一个图标。

（2）将子文档图标拖动到新的位置。

3. 单击子文档图标，选择第一个要合并的子文档。

4. 在按住Shift键的同时，单击要合并的一组子文档中最后一个子文档的图标。

5. 在"主控文档"组中，单击"合并"按钮 。

二、拆分子文档

其操作步骤如下：

1. 选择用于新子文档中的标题。

2. 单击"大纲"选项卡下的"主控文档"组中的"拆分"按钮 ，拆分效果如图12.5所示。

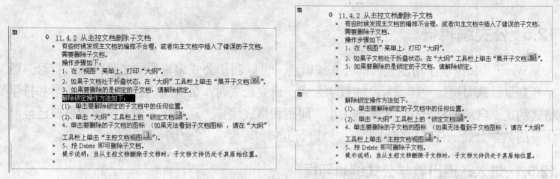

图12.5 拆分子文档后的效果图

12.4 字数统计

可用Word 2010提供的统计功能,对文档中包含的字数、页数、段落数和行数,以及包含或不包含空格的字符数等信息进行统计,然后可以在Word状态栏上看到字数统计的简单结果,如图12.6所示。若想查看更详细的信息,可将鼠标移至状态栏的字数统计上,单击鼠标左键,打开"字数统计"对话框,如图12.7所示。

图12.6 Word 2010窗口中的状态栏

"字数统计"对话框中显示了各种统计信息,若需要把文本框、脚注和尾注的文字也统计起来,则要选中"包括文本框、脚注和尾注"复选框。

如果状态栏上没有显示字数统计,将鼠标定位到状态栏,单击鼠标右键,弹出如图12.8所示的快捷菜单,选中"字数统计"复选框即可。

图12.7 "字数统计"对话框

图12.8 "自定义状态栏"快捷菜单

12.5　公式编辑器

Word 2010提供了功能强大的公式编辑器，可以利用公式编辑器的工具栏输入符号、数字和变量，从而快捷地建立复杂的数学公式。建立公式时，公式编辑器可以根据数学和排字格式约定，自动调整公式中元素的大小、间距和格式编排，还可以方便、快速地修改已经制作好的数学公式，还可以将公式与文档进行互排。

12.5.1　进入、退出数学公式编辑环境

如果要在文档中插入公式，单击"插入"选项卡下的"符号"组中的"公式"按钮π，在文档中插入公式编辑区域。此时功能区会自动出现公式工具"设计"选项卡，如图12.9所示。

图12.9　"设计"选项卡

如果文档中已经有公式，单击公式时，"设计"选项卡就会自动打开，可直接使用选项卡中的工具对公式进行编辑。公式编辑器也可以作为独立的应用程序启动，用户可先编辑公式，然后在文档中更新公式。

一、插入数学公式

在文档中插入数学公式的操作步骤如下：

1. 单击要插入公式的位置。

2. 单击"插入"选项卡下的"符号"组中的"公式"按钮π，文档中会加入公式编辑区域，同时功能区中出现公式工具"设计"选项卡。

3. 从"设计"选项卡下的"结构"组中选择所需创建公式的样板或框架，输入变量和数字，以创建公式。

4. 插入数学符号，操作方法如下：

（1）单击公式工具"设计"选项卡下的"符号"组中的"其他" 箭头。

（2）选择符号集名称旁边的箭头，再选择要显示的符号集的名称。

（3）选择要插入的符号。

Word 2010可使用以下数学符号集，如表12-1所示。

下面举例说明公式：$f(x) = \dfrac{a^x}{a^x + \sqrt{a}}$ 的编制。

执行上述步骤1、步骤2后，在公式编辑区域输入 $f(x)$，然后单击"结构"组中的"分数" 按钮，在其下拉框中选择"□/□"样式，此时公式变为 ，把光标移到分子位置上单击"结构"组中的"上下标" 按钮，在下拉菜单中选择"□□"样式，分别在两个输入框中输入 a 和x，此时输入框中公式变为 ，将插入点置于分母内，依照同样方法输入 $a^x +$，此时

公式变为 ，单击"根式" 按钮，在下拉框中选择"$\sqrt{\square}$"样式，在输入框中输入a，公式变为 。

表12-1 可用的数学符号集

符号集	子集	定义
基本数学符号	无	常用的数学符号，例如>和<
希腊字母	小写	希腊字母表中的小写字母
	大写	希腊字母表中的大写字母
字母类符号	无	类似于字母的符号
运算符	常用二元运算符	作用于两个量值的符号，例如+和÷
	常用关系运算符	表示两个表达式之间关系的运算符，例如=和~
	基本N元运算符	作用于某个变量或词条范围的运算符
	高级二元运算符	作用于两个量值的其他符号
	高级关系运算符	表示两个表达式之间关系的其他符号
箭头	无	表示方向的符号
求反关系符	无	表示求反关系的符号
手写体	手写体	数学手写体字体
	花体	数学花体字体
	双线	数学双线字体
几何图形	无	常用的几何符号

二、编辑已有的数学公式

编辑数学公式的操作步骤如下：

1. 单击需要编辑的数学公式，"设计"选项卡会自动出现。

2. 使用"设计"选项卡上的功能按钮来添加、删除或更改公式中的元素，也可以对数学公式进行排版。

12.5.2 输入、编辑和修改数学公式

可以通过选择工具栏上的模板和符号并在提供的输入框内输入变量和数字来创建公式。在创建公式时，公式编辑器会自动调整公式格式，当然也可以手动调整格式。

在公式编辑区域中输入文字的方法和在文档中输入文字的方法基本上是相同的，但是需要首先从工具栏的底行选择一个模板并填充输入框，然后便可以输入字符并进行公式的编辑，从"设计"选项卡下的"符号"组中选择符号，输入完成后，单击公式编辑区域以外的任何位置，可退出编辑模式。

"公式"工具栏中提供了几种标准的矩阵模板功能按钮，利用这些功能按钮，可以方便地生成矩阵。单击"结构"组中的"矩阵" 按钮，在弹出的下拉菜单中选择合适的空矩阵模板，然后在其中输入数据即可生成矩阵。

提示　若将含有公式的文档保存为Word 97～Word 2003版本时，公式将被转换为图像，用
　　　户将无法编辑这些公式，且公式中的任何批注、尾注或脚注在保存时将永久丢失。

12.6　自定义快捷键

Word 2010的界面上提供了大量的菜单和常用工具栏，通过它们可以方便地编辑文档，
但是还有一些功能特殊的工具栏或者菜单命令在默认情况下位于不容易找到的位置，若使用
Word 2010提供的对工具栏菜单进行自定义的功能，可以使工具栏更符合用户的工作习惯，
提高工作效率。同时，为了方便操作，Word 2010还为用户提供了大量的快捷键，用户也可
以根据需要自定义快捷键。

如果希望快速完成任务，指定快捷键不失为一种非常好的方式。使用快捷键只需按下键
盘上的一个或多个按键，即可完成一项任务。Word 2010中的快捷键是可以进行自定义的，
可为没有快捷键的命令指定快捷键，或删除不需要的快捷键。如果不需要所做的设置了，还
可以随时返回默认的快捷键设置。

指定和删除快捷键的操作步骤如下。

1. 单击"文件"选项卡，在打开的文件管理中心中单击右下角的"选项"按钮，弹出
"Word选项"对话框。

2. 选择左边列表中的"自定义功能区"命令。

3. 再选择该对话框右侧下方的"键盘快捷方式'自定义'"按钮，打开"自定义键盘"
对话框，如图12.10所示。

图12.10　"自定义键盘"对话框

4. 在"将更改保存在"框中，选择保存修改的快捷键的文档或模板名称。

5. 在"类别"框中，单击包含所需命令或其他项目的类别。

6. 在"命令"框中，单击所需命令或其他项目的名称。如果已经为其指定了快捷键，该
快捷键将出现在"当前快捷键"框中。选中某个命令后，对话框左下角的"说明"区域会显
示此命令的简短功能说明。

7. 执行下列操作之一。

指定快捷键的操作步骤如下：

（1）单击"请按新快捷键"框，按下要指定的快捷键组合。例如，按Alt+所需键。

（2）查看该快捷键组合是否已经指定给命令或其他项，如果是这样的话，请选择其他的组合。

重新指定快捷键组合意味着不能再使用该组合完成以前的操作了。例如，按Ctrl+B组合键可将选定文本改为加粗格式，如果将Ctrl+B组合键重新指定给一个新的命令或其他项，则不能通过按Ctrl+B组合键为文本应用加粗格式，除非将快捷键恢复到初始设置。

（3）单击"指定"按钮。

删除快捷键的操作步骤如下：

（1）在"当前快捷键"框中，单击要删除的快捷键。

（2）单击"删除"按钮。

8. 单击"关闭"按钮，退出对话框。

12.7　比较文档内容

Word 2010提供了对两个文档的版本信息及其内容进行比较的功能，利用它可以很方便地看出两个文档在内容上的差异，操作方法如下。

1. 单击"审阅"选项卡下的"比较"组中的"比较"按钮，在弹出的下拉菜单中选择"比较"命令，打开"比较文档"对话框。

2. 若"比较文档"对话框中左下角的按钮显示的是"更多"时，则单击该按钮，可展开"比较设置"和"显示修订"选项组进行详细设置，如图12.11所示。

3. 在"比较文档"对话框中的"原文档"下拉框中选择要比较文档之一的文件名，在"修订的文档"下拉框中选择要比较的文档另一个的文件名。

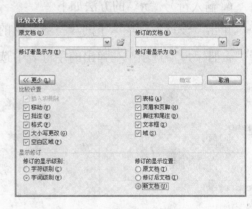

图12.11　"比较文档"对话框

4. 单击"确定"按钮。

这时在之前设定的修订显示位置将给出比较结果，如设定的修订显示位置是"新文档"，则Word自动生成一个新文档来存放比较结果。

12.8　控制使用权限

可以通过"审阅"选项卡下的"保护"组中的"限制编辑"按钮，对文档进行相应的保护和使用权限控制。在"限制编辑"组中有格式设置限制、编辑限制、启动强制保护3个选项。

· 格式设置限制：限制对选定的样式设置格式。

· 编辑限制：对文档的编辑权限进行限制，包括只读、修改、批注、填写窗体。

· 启动强制保护：对文档使用选定的规则进行强制保护。

【动手实验】编辑制作数学公式：

$$f(x) = \log_{\sin x} \frac{1+x}{1-x} + \cos\left(\frac{3\pi}{2} - x\right)$$

主要操作步骤如下：

1. 在文档中选择要插入公式的位置。

2. 单击"插入"选项卡下的"符号"组中的"公式"按钮π，在插入位置出现公式编辑区域，同时功能区中出现公式工具"设计"选项卡。

3. 在公式编辑区域内输入"$f(x)$"。

4. 单击"设计"选项卡下的"结构"组，再单击"上下标"按钮e，弹出如图12.12所示的下拉菜单。在其中选择"□□"结构。在大输入框中输入"log"，在小输入框中输入"sin$x$"，输入后效果为 $f(x) = \log_{\sin x}$。

5. 单击"设计"选项卡下的"结构"组，再单击"分数"按钮，弹出如图12.13所示的下拉菜单。在其中选择"□/□"结构。在分子虚框中输入"1+X"，分母虚框中输入"1-X"，效果如图12.14所示。

6. 输入符号"π"的方法如下：

单击"设计"选项卡下的"符号"组的"其他"▼按钮，在弹出的下拉菜单的左上角选择"希腊字母"选项，在弹出的字母表中选择π，如图12.15所示。

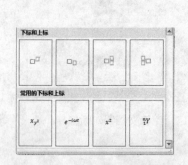

图12.12　"上下标"结构菜单

图12.13　"分数"结构菜单

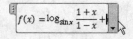

图12.14　输入的分式

图12.15　选择符号

使用同样的操作方法，继续输入其他字符，公式最终的效果为：

$$f(x) = \log_{\sin x} \frac{1+x}{1-x} + \cos\left(\frac{3\pi}{2} - x\right)$$

反侵权盗版声明

电子工业出版社依法对本作品享有专有出版权。任何未经权利人书面许可，复制、销售或通过信息网络传播本作品的行为；歪曲、篡改、剽窃本作品的行为，均违反《中华人民共和国著作权法》，其行为人应承担相应的民事责任和行政责任，构成犯罪的，将被依法追究刑事责任。

为了维护市场秩序，保护权利人的合法权益，我社将依法查处和打击侵权盗版的单位和个人。欢迎社会各界人士积极举报侵权盗版行为，本社将奖励举报有功人员，并保证举报人的信息不被泄露。

举报电话： （010）88254396； （010）88258888

传　　真： （010）88254397

　E-mail： dbqq@phei.com.cn

通信地址： 北京市万寿路173信箱

　　　　　电子工业出版社总编办公室

邮　　编： 100036

欢迎与我们联系

为了方便与我们联系，我们已开通了网站（www.medias.com.cn）。您可以在本网站上了解我们的新书介绍，并可通过读者留言簿直接与我们沟通，欢迎您向我们提出您的想法和建议。也可以通过电话与我们联系：

电话号码： （010）68252397

邮件地址： webmaster@medias.com.cn

中文版 Word 2010 入门与实例教程

本书特点:

本书从Word 2010的入门知识开始,由浅入深地介绍了Word 2010的基本功能和各种应用技巧,其中包括文档的创建与编辑、文档的保护与打印、表格与图形的使用、大纲与目录的使用、公式的编排及一些常用功能等。书中采用图文结合的形式引导读者学习和使用,在讲解过程中每一章都配有与内容紧密关联的动手实验,可以帮助读者轻松掌握Word 2010的基本使用方法,并可以在此基础上进行自我练习,达到学以致用的功效。

本套丛书包括:

◆Word 2010中文版入门与实例教程

◆Excel 2010中文版入门与实例教程

◆Access 2010中文版入门与实例教程

◆PowerPoint 2010中文版入门与实例教程

ISBN 978-7-121-12943-8

9 787121 129438 >

责任编辑:李红玉
文字编辑:易　昆
封面设计:李　娜

定价: 29.00元

21世纪高等学校规划教材 | 信息管理与信息系统

信息资源管理

王宇 等 编著

清华大学出版社